# 氧舱检验技术与安全管理

申红菊　崔伟超　齐建涛　主编

黄河水利出版社
·郑州·

## 内 容 提 要

本书介绍了医用氧舱的基本概念、氧舱各系统的结构组成,详述了医用氧舱设计、制造、安装、改造、维护的监督检验和定期检验内容及检验方法,氧舱使用安全管理等。本书共分18章,主要内容包括:氧舱的主要用途及分类,医用氧舱的安全技术性标准、规范,氧舱舱体、安全附件、空气加减压系统、供排氧系统、电气系统、控制系统、空气调节器、消防设施,氧舱操作规程,氧舱维护与保养,氧舱的常见故障,氧舱的安装检验与验收,氧舱安全管理,氧舱的配套压力容器及设备的安全管理,氧舱的定期检验与维护等。

本书可供医用氧舱检验等行业的工程技术人员和氧舱使用单位安全管理人员、维护管理人员、操舱人员阅读参考。

**图书在版编目(CIP)数据**

氧舱检验技术与安全管理/申红菊,崔伟超,齐建涛主编. —郑州:黄河水利出版社,2022.8
(特种设备安全技术丛书)
ISBN 978-7-5509-3357-6

Ⅰ.①氧… Ⅱ.①申…②崔…③齐… Ⅲ.①高压氧舱-检验②高压氧舱-安全管理 Ⅳ.①TH789

中国版本图书馆 CIP 数据核字(2022)第 149506 号

组稿编辑:王路平 电话:0371-66022212 E-mail: hhslwlp@ 126. com
田丽萍 66025553 912810592@ qq. com

出　版　社:黄河水利出版社　　　　　　　　　网址:www. yrcp. com
地址:河南省郑州市顺河路黄委会综合楼 14 层　邮政编码:450003
发行单位:黄河水利出版社
发行部电话:0371-66026940、66020550、66028024、66022620(传真)
E-mail:hhslcbs@ 126. com
承印单位:河南新华印刷集团有限公司
开本:787 mm×1 092 mm　1/16
印张:12.75
字数:300 千字
版次:2022 年 8 月第 1 版　　　　　　　　　　印次:2022 年 8 月第 1 次印刷
定价:80.00 元

# 《氧舱检验技术与安全管理》
# 编写人员及单位

主　编：申红菊　河南省锅炉压力容器安全检测研究院

　　　　崔伟超　河南省锅炉压力容器安全检测研究院

　　　　齐建涛　中国石油大学(华东)


副主编：马玉茹　河南省锅炉压力容器安全检测研究院

　　　　李彦卫　河南省锅炉压力容器安全检测研究院

　　　　娄　林　河南省锅炉压力容器安全检测研究院


参　编：李腾蛟　河南省锅炉压力容器安全检测研究院

　　　　吴保鹏　河南省锅炉压力容器安全检测研究院

　　　　徐小龙　河南省锅炉压力容器安全检测研究院

　　　　梁本栋　河南省锅炉压力容器安全检测研究院

　　　　史秋映　河南省锅炉压力容器安全检测研究院

　　　　宋俊锋　新密市自然资源和规划局

　　　　张伟涛　河南省锅炉压力容器安全检测研究院

　　　　郑　伟　河南省锅炉压力容器安全检测研究院

# 前　言

医用氧舱简称"氧舱",是指采用空气、氧气或者混合气体(混合气体是指氧气与其他气体按照比例配制的可呼吸气体)等为压力介质,用于人员在舱内进行治疗、适应性训练(统称舱内活动)的载人压力容器。

医用氧舱分为医用空气加压氧舱和医用氧气加压氧舱、高气压舱。氧舱系统包括:舱体、压力调节系统、呼吸气系统、电气系统、舱内环境调节系统、消防系统、安全附件与安全保护装置及仪表等。医用氧舱的主要用途是治疗疾病与康养结合。

高气压舱是指采用空气或者混合气体为压力介质,用于进行治疗的载人压力容器。在国内,氧舱的最高工作压力比 0.2 MPa 高得多,习惯上把这类氧舱称为高气压舱。高气压舱的用途也很广,例如,潜水员加压锻炼、氧敏感试验、大深度潜水模拟试验研究、潜压病治疗等。

随着我国医学事业的迅速发展,全民健康意识增强,医用氧舱作为高压氧治疗必不可少的医疗设备也得到了广大人民群众的认可。目前,我国氧舱已达上万台,由于医用氧舱是一种特殊的载人压力容器,其使用直接关乎患者的生命安全,对它的科学操作和安全管理及定期检验工作也就显得尤为重要。同时,氧舱的检验工作与一般承压类特种设备的检验也有很大的不同,除要进行一般意义上的设备检验外,还要进行非金属材料、装饰材料、电气系统、消防系统、压力调节系统、呼吸气系统、舱内外环境系统、应急预案等多方面的综合检验。

为了进一步加强医用氧舱的安全管理,促进医用氧治疗事业的发展,国家市场监督检验检疫总局在北京、上海、重庆、河南等地设立了医用氧舱维护管理人员考试机构,负责对氧舱维护管理人员的考核。通过培训和考核,医用氧舱从业人员在基础知识、专业知识、安全知识和法规知识方面得到了很大的提高,这对氧舱的安全使用发挥了重要的作用。本书编写的目的就是提高医用氧舱从业人员的知识储备和操作技能。

本书由申红菊、崔伟超、齐建涛担任主编,申红菊负责全书的编写规划及统稿;由马玉茹、李彦卫、娄林担任副主编;李腾蛟、吴保鹏、徐小龙、梁本栋、史秋映、宋俊锋、张伟涛、郑伟参加了本书的编写工作;由王焱担任主审。

在本书编写过程中,借鉴了许多专家和学者的研究成果,在此表示衷心的感谢!感谢国家自然科学基金资助项目"镁合金表面功能性转化膜材料的多尺度表征及可控制备研究(51701239)"对本书出版的技术支撑!

　　本书研究的课题涉及的内容比较宽泛,尽管在写作过程中力求完美,但限于作者水平,书中难免有不妥之处,敬请各位专家和读者批评斧正。

编　者

2022 年 3 月

# 目　录

# 第1章　概　述

## 1.1　氧舱基本概念和范围界定

### 1.1.1　氧舱的定义

氧舱是指采用空气、氧气或者混合气体(混合气体是指氧气与其他气体按照比例配制的可呼吸气体)等为压力介质,用于人员在舱内进行治疗、适应性训练(以下统称舱内活动)的载人压力容器,主要分为以下几种:

(1)医用空气加压氧舱,采用空气为压力介质,用于进行治疗的载人压力容器,其工作压力不大于 0.3 MPa(表压,下同)。

(2)医用氧气加压氧舱,采用氧气为压力介质,用于进行治疗的载人压力容器,额定进舱人数为 1 人,其工作压力不大于 0.2 MPa。

(3)高气压舱,是指采用空气或者混合气体为压力介质,用于进行舱内活动的载人压力容器,其工作压力依据产品标准而定。

由于本书是针对医用氧舱而言,故我们将医用空气加压氧舱和医用氧气加压氧舱统一简称为氧舱。

### 1.1.2　氧舱范围的界定

氧舱范围包括舱体、压力调节系统、呼吸气系统、电气系统、舱内环境调节系统、消防系统和安全保护装置等。

(1)舱体。主要包括筒体、封头(含舱内封头)、舱门、递物筒、观察窗、照明窗、舱内管道、舱内饰品及设施[包括面板、纺织用品、座椅(床)、地板等舱内饰品以及消声器、采样口、传感器设施等]、保温层等。

(2)压力调节系统。主要包括气体加压设备、配套压力器、管道等。

(3)呼吸气系统。主要包括呼吸气体供应装置、加湿装置及管道等。

(4)电气系统。主要包括电源开关、电流过载保护装置、应急电源装置、继电器、接触器、配电柜(板)、对讲装置、应急呼叫装置、视频设备、照明装置(含应急照明装置,下同)、生物电装置、氧舱运行数据测定/显示/记录装置等。

(5)舱内环境调节系统。主要包括空气调节装置、制冷装置、制热装置、温度控制装置、风扇驱动电机、散热器及管道等。

(6)消防系统。主要包括水喷淋装置(启动气源、储水罐、管道、控制阀门、喷头等)和其他消防器材等。

(7)安全保护装置。主要包括安全阀、压力表(含氧气专用表,下同)、紧急泄放阀、安全连锁装置、测氧仪、接地装置等。

# 1.2　氧舱发展概况

氧舱是医疗机构在临床上使用的一种特殊载人压力容器,同时也是一种医疗器械,正是由于氧舱具有的这种双重身份,氧舱的安全监察与管理的方式及管理部门也发生过变化。

在我国,医用氧舱(包含医疗用的退役潜水舱)一直按压力容器的管理模式管理。1988 年 3 月 11 日原劳动部锅炉压力容器安全监察局,在给中国医疗器械工业公司《关于商请高压氧舱生产许可证发放的函》(〔87〕151 号函)的回复中提到:"我局同意你公司关于高压氧舱纳入一般工业产品实施生产许可证范围的意见,即该类产品设计、制造和使用管理以及生产许可证的发放等,不再由劳动部门按压力容器进行安全监察。对于已发过制造许可证的九江船用机械厂、芜湖潜水装备厂,可暂维持不变,许可证期满,该项目自行终止。"至此,氧舱的安全监察与管理工作不再按压力容器的管理模式进行管理,而纳入到一般工业产品生产许可范围,成为名副其实的医疗器械。

# 1.3　氧舱发展趋势

近几年来,我国的医用氧舱得到了迅速的发展。据不完全统计,国内已建成的医用氧舱已达 1 万余台,从氧舱数量上看,已经超过了世界其他各国的总和。在氧舱的安全与舒适度方面,与国外先进的氧舱相比,差距也正在迅速缩小。尤其是近年来,随着高科技在氧舱上的应用越来越普及,医用氧舱科技含量及应用技术均有了很大的发展,主要表现在以下几个方面。

## 1.3.1　氧舱计算机控制技术的引入

随着计算机技术的迅猛发展,将计算机技术应用到氧舱设备上已成为现实。在高压氧医学领域,国外各类型的氧舱大部分采用计算机控制管理。我国部分氧舱也开始采用计算机技术来控制管理,以实现氧舱在治疗过程的全面自动化控制,操舱人员按计算机设定的程序操作,并可利用屏幕观察到治疗全过程,实现"人机对话"的信息交换方式,计算机能够对诊断出的故障及时发出报警信号。这样既提高了氧舱压力调节系统和呼吸气系统的控制精度,也减轻了操舱人员的工作强度,同时还可以通过执行事先预设的多种治疗参数及治疗方案,减少操作的失误概率,提高氧舱使用的安全性,这些对医学研究和氧舱的安全使用都具有重要的意义。

## 1.3.2　彩色闭路电视监视系统向多媒体监视系统发展

目前,氧舱普遍采用的彩色闭路电视监视装置,已发展为多媒体电视监视系统,同时又可与计算机兼容使用、集中管理。多媒体监视系统技术具有更形象的多媒体图形仿真信息等优点,使操作更为简单。多画面分割的电视摄像技术的应用,使操舱人员在控制台屏幕上可以同时看到各个治疗舱室内人员和机房内多台设备的运行工作情况,提高了操舱人员和设备维护管理人员的工作效率。

### 1.3.3　新型材料在舱体上的应用

为了使氧舱变得更大、更舒适、更方便通行,目前世界上有些氧舱的舱体已不再采用以钢板为主体材料,而相应引进了轻质材料作为舱体主体材料,如铝合金、碳纤维、钛合金。美国的一家厂商推出的大型豪华型高压氧舱,其舱体就是采用硅材料(通称水泥)来建造的。病人进入高压氧舱后的感觉,如同进入大型房间一般。氧舱平封头的结构也大量采用了平移门的设计,考虑到平移门的尺寸较大,所以舱内、外地面为统一平面。这样氧舱的通道即为应急通道,担架车、仪器设备都可直接推入舱内。

### 1.3.4　光纤等新技术在氧舱上的应用

光纤照明系统在氧舱中获得了应用。该系统的光源发生器、散光器和保护电路均在舱外,舱内只有光纤发光头,解决了无电源进舱及光热效应容易对有机玻璃造成老化的问题,使氧舱照明更加安全可靠。舱内采用了无电气触点的触摸式编码呼叫装置,每人一个终端,患者使用十分方便,氧舱的安全性也得到了进一步的提高。

### 1.3.5　吸氧、排氧装置的改进

国外部分氧舱采用氧头盔的方式进行吸氧、排氧。采用这种装置,使病人感觉较为舒服,头盔内呼吸区的氧浓度能够始终在95%以上,且没有无效腔区,呼出来的二氧化碳不会滞留。目前,国内有些氧舱制造单位也已研制成功,部分较大的氧舱已开始装备使用舱内面罩呼吸系统。该系统主要解决的是在舱内设有一套独立的提供空气的应急呼吸系统,这对于应急情况下维持患者生命至关重要,尤其是对舱体内径在 3 m 以上的大型多人氧舱,具有极大的推广价值。

### 1.3.6　水喷淋消防技术的应用

氧舱用水喷淋灭火系统试制成功,并装备到氧舱上,满足了《氧舱》(GB/T 12130—2020)规定的:该系统喷水强度不低于 50 L/(min·m²),喷水时间可持续 1 min 以上,响应时间不超过 3 s 的要求。但目前氧舱用的水喷淋系统仅有手控一种方式,利用烟雾、光、温度等敏感的自控方式还有待试验和研制。水喷淋灭火系统在设计、制造上也均具有一定的技术难度,尚待进一步探讨研究。

### 1.3.7　舱内装饰的改进

舱内装饰材料严格选用防火材料,如国外采用喷塑金属装饰或不进行装饰,让舱内管子暴露在外面,进舱人员均穿着全棉服装等。

### 1.3.8　研制成功了舱内低阻力吸排氧装置

舱内低阻力吸排氧装置减小了患者在吸排氧时的呼吸阻力和呼吸功,并且还可防止

吸氧面罩内氧气向舱内泄漏。目前这项技术属于我国独创,也处在试用阶段。

## 1.3.9　研制成功了氧气加压舱自动加湿系统和导静电床垫

　　氧气加压舱自动加湿系统选用了高压湿度传感器,使舱内气体的相对湿度始终稳定在70%左右的设定值上,并与导静电床垫配套使用,可有效防止氧气加压舱内静电的产生。

# 第 2 章　氧舱的主要用途及分类

氧舱是利用高压氧为患者治疗疾病的关键设备,根据临床患者疾病的种类,氧舱舱内的最高工作压力可为 0.3 MPa,而多数氧舱的使用压力,根据舱内患者自身承受能力的具体情况而定,通常在 0.1~0.16 MPa 范围内选定。

## 2.1　高压氧的作用机制

采用高压氧治疗方法,可以快速地提高人体中的血氧分压,有效地改善了人体组织中各内脏器官的供氧状况。临床实践证明:当人在高于一个标准大气压的密闭环境中呼吸纯(高浓度)氧时,可以明显地提高人体肺泡中的氧分压和血液中的血氧分压,能够对体内的厌氧菌起到很好的抑制作用,对因缺氧造成的各类疾病也有积极的治疗作用,同时较高的氧分压还能改善脑细胞的新陈代谢。在高压氧治疗过程中,人体中的血氧含量会明显提高,即使脑血管收缩也不会影响对脑组织的供氧,相反地,还会达到促进脑部病变的修复目的。

## 2.2　氧舱的用途

由于氧舱可以形成一种在高气压条件下呼吸高浓度氧的环境,利用这种环境条件,在临床上是可以治疗多种疾病的,这些疾病可涉及临床的各个科室,即凡是由缺氧造成的局部或全身的急性或慢性疾病,均可在高压氧这种特殊的环境中得到治疗及痊愈。目前中华医学会高压氧分会推荐的适宜用高压氧治疗的适应症已有 100 多种,而其中得到举世公认具有其他医疗方法无法替代的特殊疗效而被列为首选治疗法的适应症主要有以下4 种:

(1)急性 CO 中毒。CO 是一种毒性很强的无色、无臭、无味、无刺激性、可燃烧的中性气体,不易溶于水。CO 是由碳或含碳化合物在不完全燃烧时产生的,是碳的低价氧化物。CO 气体的密度与空气密度相差很小(在标准状况下,CO 气体密度为 1.25 g/L,空气密度为 1.393 g/L),这也是容易造成 CO 中毒的因素之一。

通常工作环境下的空气中,CO 含量最高允许浓度为 30 mg/m³。CO 是一种对血液与神经系统毒性很强的污染物,它的毒性作用在于,它与人体中血红蛋白有很强的亲和能力(是氧与血红蛋白结合能力的 300 倍),与氧相比,CO 更容易被血红细胞吸收。当 CO 与血红蛋白结合后,不仅会降低血红细胞携带氧的能力,而且还会抑制、延缓氧血红蛋白的解析与释放,导致机体组织因缺氧而坏死,严重者则可能危及人的生命。对于 CO 中毒,若仅采用一般的方法进行治疗,很难将溶于血红蛋白中的 CO 排出。而在高压氧治疗环境下,则可使人体血液内的溶解氧量大大增加,有利于体内碳氧血红蛋白的解离,加速 CO 的排出。

（2）减压病。俗称潜水夫病或沉箱病，泛指人体因周围环境压力急速降低造成的疾病。减压病产生的主要原因是，当人体在高气压环境中停留一段时间后，在降压过程中，如果降压速度过快或短时间内压力降低幅度过大，致使在高压环境时，溶解在人体组织内的中性气体(主要是氮气)来不及排出体外，使溶解在血液中的气体迅速变成游离气体，并在体内形成大量气栓气泡。这种气栓气泡可阻塞血管，栓塞心、肺、脑以及其他各脏器官，还可压迫人体组织和神经，甚至会危及生命。采用高压氧方法治疗减压病，可使体内的气栓气泡在高于一个环境大气压的情况下，快速缩小并逐渐消失，病症得到彻底消除。

（3）空气栓塞。多是在医疗护理工作过程中，由于采用的方式方法不当而产生的。其病因的本质也是由于体内积存气体而引发的，如：由于负压的作用空气被吸入到血管中或在压力下被挤入血管中，此气体的产生均是由外部原因引起。这种疾病，病情危急，必须及时治疗，其治疗机制与减压病相同。

（4）气性坏疽。是由一种会产生气体的厌氧菌所致，但它需要一个有利于气性坏疽杆菌生长繁殖的缺氧环境。当出现失水、大量失血或休克，而又有伤口大片组织坏死、深层肌肉损毁，导致患者发生感染性休克时，采用高压氧治疗，可直接抑制此病菌和毒素的产生，达到治愈的目的。

# 2.3　氧舱的分类

氧舱的分类有多种方法，常见的分类方法主要有按加压介质、规格、结构形式、治疗人数、氧舱舱体材料及用途划分。

（1）按加压介质，氧舱可分为：空气加压氧舱、氧气加压氧舱。

（2）按氧舱的规格可分为：单舱单室氧舱、单舱多室氧舱、多舱多室氧舱(或称为舱群)。

（3）按氧舱的结构形式可分为：单体卧式加压氧舱、单体立式加压氧舱、卧式+卧式加压舱群、卧式+立式加压舱群。

（4）按治疗人数，氧舱可分为以下几种：①空气加压氧舱：多人氧舱、单人氧舱；②氧气加压氧舱：单人成人氧舱、单人婴幼儿氧舱。

（5）按氧舱舱体材料可分为金属材料壳体、有机玻璃材料壳体、混合材料壳体等。

（6）按氧舱用途可分为以下几种：

①治疗舱。主要用于对患者的高压氧治疗。治疗舱的大小取决于一次治疗人数的多少。一般治疗舱的舱体内径为 2 000~3 800 mm，舱容在 14~50 m³。为了使病人能够得到较为舒适的治疗环境，舱内布置应美观大方，温度、湿度调节适当，升压、降压速率控制合理，应急排放装置应能内外操作。舱内的结构简单、有效空间大、使用方便、安全可靠。

②过渡舱。主要用于氧舱在正常工作时(舱内有压力)，供人员进入(出)治疗舱时所用。国内也有将过渡舱兼作治疗舱用的，过渡舱的工作压力应和治疗舱工作压力相同。过渡舱兼作治疗舱时，舱内设置若干座椅和吸氧装置。过渡舱在舱群中常按立式容器设计。在单舱中过渡舱和治疗舱做成一体，中间用舱门隔开。对于单舱双室，过渡舱一般不单独使用，故其舱内设施相对较为简单。

特别说明:在《医用空气加压氧舱》(GB/T 12130—2005)颁布之前,氧舱按规格和治疗人数的划分与现有标准的划分是有所差异的,在此做简要介绍。

(1)氧舱按规格可划分为:大型舱(舱体内径≥3 000 mm);中型舱(2 000 mm≤舱体内径<3 000 mm);小型舱(1 500 mm≤舱体内径<2 000 mm);单(双)人舱(舱体内径<1 500 mm);婴幼儿舱(舱体内径<500 mm)。

(2)按治疗人数可划分为:大型舱(治疗人数为20人以上的氧舱);中型舱(治疗人数为6~14人的氧舱);小型舱(治疗人数为4~6人的氧舱);双人氧舱(治疗人数为2人的氧舱,现在不多见);单人含有机玻璃氧舱(治疗人数为1人的氧舱)。

总之,当前氧舱的发展方向主要是向功能性、安全性、舒适性和舱形的美观、实用等方向发展,见图2-1~图2-6。

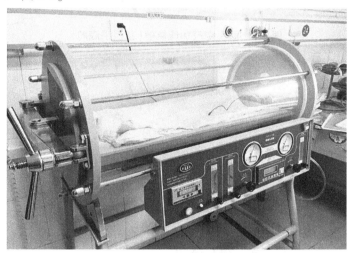

图 2-1 医用婴幼儿有机玻璃氧舱

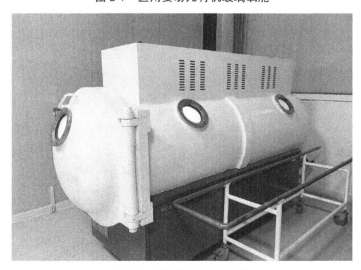

图 2-2 医用钢制单人氧舱

图 2-3　医用空气加压氧舱（新型平底舱）

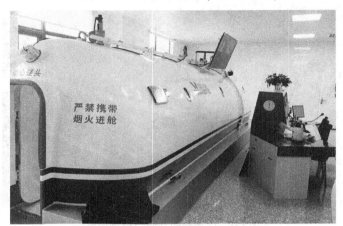

图 2-4　医用多人空气加压氧舱

图 2-5　医用多人空气加压氧舱舱群操作平台

图 2-6 医用多人空气加压氧舱舱内环境

# 2.4 氧舱内环境的基本要求

病人进入氧舱之后,氧舱就成为一个单人的或集体的生命保障系统,因此氧舱内环境应符合生命保障系统所需要具备的基本要求。

## 2.4.1 对舱内气体组成的要求

当氧舱没有载人时,舱内的气体就是普通的空气;当氧舱载人时,即舱内既有吸氧的患者又有压缩空气时,舱内气体的组成,除氧气和氮气外,还增加了许多污染气体。

舱内气体中的氧气是人体代谢需要的,但吸入过量的氧气会发生氧中毒。为了防止氧中毒,要求严格按照高压氧治疗方案及规定的疗程执行。舱内氧气过量的另一个麻烦是容易引起火灾。

舱内的氮气,因不参与人体的生化反应,故从生理学上讲,它是一种惰性气体。但是吸入过量的氮气会引起氮麻醉。所幸的是,在氧舱工作压力范围内一般不会发生这种现象。

舱内气体中的污染物,来源于舱内和舱外两部分。舱内来源主要有舱内物品、装饰材料、人体呼出的气体、肠道气体以及通过咳嗽、打喷嚏等喷出的病毒、细菌等;舱外来源主要是压缩空气和氧气的供气系统,如空压机吸入气质量不佳、润滑油受热分解、供气管路及其附件的不洁等。

污染物对人体的危害程度与污染物浓度的高低和人体接触污染物时间的长短有关。一般情况下,由于患者在氧舱内的时间较短,对人体不会造成危害,但如果污染物的浓度超过一定的范围,就可能对人体产生不良影响,甚至引发中毒。

## 2.4.2　对舱内气体压力的要求

实践证明,在 7 MPa 的加压舱内人可以正常呼吸。因此,最高工作压力仅为 0.2 MPa 的氧舱压力,对人体来说是没有问题的。但是人体比较敏感的是环境压力的升降速率。过快的变化速率会引起气压伤和减压病,因此氧舱标准中,对最大的升降速率做了如下的规定:

(1)多人氧舱的治疗舱<0.02 MPa/min。

(2)多人氧舱的过渡舱<0.08 MPa/min。

(3)单人成人氧舱<0.03 MPa/min。

(4)单人婴幼儿氧舱<0.01 MPa/min。

当我们在空气加压氧舱内戴上面罩进行呼吸时,面罩等物会引起呼吸阻力增加。经验表明:在安静状态下的呼吸阻力不宜超过±0.5 kPa,否则舱内患者就会感觉呼吸费力和通气不畅。

## 2.4.3　对舱内温度的要求

正常人的体温恒定于 37 ℃左右。最适合人类居住的环境温度为 20~26 ℃。过高的气温会使人感到头昏、心慌、气急、兴奋不安,甚至发生中暑;过低的气温会使人寒战、发抖、疼痛,甚至失去知觉。

《氧舱》(GB/T 12130—2020)中规定:设有空调装置的氧舱,氧舱舱内温度的控制是通过空调系统来实现的。舱内环境温度在夏季应能保持在±2 ℃,在冬季应能保持在(20±2)℃,舱内温度值应控制在 18~26 ℃。

夏季开舱治疗前,应先开空调,预冷舱温至 24 ℃左右,之后再通知患者进舱。关门后,升压过程中,除用冷空调控制舱温外,还可以用缓慢升压的方法来控制舱温的迅速升高。冬季治疗患者时,稳压后,可开启热空调维持舱温。

## 2.4.4　对舱内湿度的要求

最适合人类居住的环境湿度是 40%~60%。湿度高了,人会感到闷热不适;湿度低了,人又会感到皮肤干燥、咽喉疼痛,甚至鼻子出血。

高压氧治疗过程中,影响舱内湿度的因素较多。加压时的湿度变化受储气罐供气湿度、人体呼出水汽及舱温升高等因素的影响;减压时,舱温降低使湿度增加,特别是在快速减压舱温达到露点时,舱内湿度呈过饱和状态而发生起雾现象。

一般来说,多人氧舱对湿度的要求不十分严格。因为温度处于舒适范围时,环境湿度的变化对人体影响不大,只有较高的压力环境才对湿度有较严格的要求。另外,把常压空气下校准的湿度计用于高压氧舱内时需要修正,所以,空气加压氧舱国标中对舱内湿度没有提出定量的要求。在氧气加压舱国标中要求配备加湿装置,但也没有对湿度提出定量的指标要求。

舱内湿度高低不仅影响人的舒适度,而且影响氧舱的安全性。湿度增加有利于防止静电的积聚,可以提高舱内可燃物的着火温度。所以希望舱内湿度能维持在 70%左右。

## 2.4.5　对舱内气体流速的要求

舱内气体流速,即风速,主要是由加压、减压、通风换气及空调运转产生的。

一般来说,氧舱容积都不太大。当舱内人员多时,由于舱内人员的活动、呼出二氧化碳、产热、出汗的结果,舱内温度增高、湿度加大,二氧化碳体积分数升高,加上皮肤腺体分泌的物质和不良气味使舱内空气污浊,使人感到闷热、头昏、疲劳、不舒服。尤其是不通风的情况下,氧舱空气中细菌的含量就会增多,这就增加了感染的机会。因此,控制气体流速,加强通风换气,有助于改善舱内空气质量,防止污浊空气对人体的危害。

根据人体舒适性的要求,我国《室内空气质量标准》(GB/T 18883—2002)中规定,空气流速应小于 0.3 m/s。结合我国氧舱的实际情况,在假定舱内气体流速均匀的情况下,经估算和实测可知:

由于最大加压、减压速率的限制,由加压或减压引起的舱内风速不超 0.1 m/s。

通风换气引起的风速取决于换气流量的大小。若氧舱的换气流量范围为 20 ~ 50 L/(min·人),则通风换气引起的风速也低于 0.1 m/s。

空调引起的风速,取决于它的送风量。一般分体式冷暖空调器的风速都有强风、弱风和微风 3 挡可调,通过调节和实测可得到符合要求的风速。

现行的氧舱国家标准对舱内风速没有给出指标要求。

## 2.4.6　对舱内噪声的要求

凡是对人体有害的和人们不需要的声音统称为噪声。

最适合人类居住的环境噪声是 35 dB(A)以下(休息时)和 45 dB(A)以下(活动时)。过高的噪声会影响人的心情、学习、休息和睡眠。经常暴露于 85 dB(A)环境中,可对听觉产生永久性损害;暴露于 140 dB(A)环境中,可使人瞬间休克。所以,噪声的危害不可小视。

氧舱噪声的产生主要是由加减压和通风换气的气流及空调的气流所产生的。

当舱内有患者时,舱内噪声还包括患者呼吸的气流声和患者发出的各种令人不愉快的声音。有时,舱外的噪声也可传到舱内。例如,患者还没有出舱,舱外工作人员就开始运作空压机打气,这种强噪声传到舱内会令患者不安。

《氧舱》(GB/T 12130—2020)中规定,仅供气时,舱内噪声不大于 65 dB(A),仅开空调时不大于 60 dB(A)。目前采用降低噪声的办法主要是:①用低噪声风机;②室内空调机宜采用贯流风机,若采用管道通风机,则进出风道口应安装消声器;③舱内加减压管口处应设空气消声器,其隔音材料应考虑防锈、防潮、防燃和无毒;④防止管路气流噪声,即管道截面不应过小,避免截面突变和急弯,防止出现管口涡流啸叫。

## 2.4.7　对舱内照明的要求

光照也是保证人体舒适的一个重要因素。另外,适宜的舱内照明可以清楚地观察到患者的状态和表情,及时防止安全隐患的发生,并有利于提高治疗效果。

照度是单位面积上的光通量,其单位为勒克斯,符号为 lx。照度不均匀度,则为给定平面上照度变化的度量。照度不均匀度等于照度变化的最大差值与平均照度之比。

在 GB/T 12130 中,对医用空气加压氧舱的要求:①氧舱应采用冷光源外照明方式。②舱内平均照度应不小于 60 lx,多人氧舱照度不均匀度应不大于 60%。③氧舱必须配置应急照明系统。当氧舱供电中断时,应急照明系统应自动投入使用,且应急照明持续时间应不小于 30 min。

在 GB/T 12130 中,对医用氧气加压舱没有提出人工光源的要求,只提出金属舱应该设置观察窗。设在头部和尾部的观察窗应分别不少于 2 个。观察窗的透光直径应不小于 150 mm,并应满足舱外人员对氧舱内患者的观察和提供氧舱内的自然采光的要求。对成人氧舱应配置应急供电电源。氧舱供电中断时,应急电源应能维持对讲通信系统和应急呼叫装置工作,持续时间不少于 20 min。

# 第 3 章　医用氧舱的安全技术规范、标准

## 3.1　标准简介

　　2003 年 6 月 1 日实施的《特种设备安全监察条例》(国务院令 373 号)明确规定了氧舱属于压力容器的范畴。按照国家质量监督检验检疫总局发布的《锅炉压力容器制造监督管理办法》(总局 2002 年第 22 号文件)的有关规定,氧舱在压力容器制造许可级别划分上,被单独规定为 AR5 级(后改为 A5 级)压力容器。氧舱与其他压力容器相比,无论是从结构、用途,还是从它所涉及的与舱体不可分割的压力调节系统(《医用氧舱安全管理规定》中的供气排气系统)、呼吸气系统(《医用氧舱安全管理规定》中的供氧排氧系统)、电气系统、舱内环境调节系统(《医用氧舱安全管理规定》中的空调系统)、控制系统、消防系统和仪器、仪表等方面,在设计、制造、安装、改造、维修、使用、检验检测以及监督检查等环节中,都具有其自身的特殊性。氧舱的安全监察和检验所涉及的内容要远远超出一般压力容器的范畴,对氧舱舱体的监察和检验仅是其中一部分,更重要的是要对氧舱的各系统进行全方位、全过程的监察和检验。所以,氧舱的安全监察与检验工作,除应遵循一般压力容器常用的安全技术规范、标准外,还应满足氧舱的专业规范及相关配套标准。下面就目前国内氧舱安全监察与检验的主要规章和技术标准做简要介绍。医用氧舱的范围不仅仅是舱体,还包括与其配套的压力容器和氧舱的供排氧系统、电气系统、空调系统等各主要系统以及仪器、仪表和控制台等。对于氧舱来说,无论是舱体还是与其配套的压力容器的安全监察与检验,均应按压力容器的监督管理模式进行管理。因此,有必要简要介绍一下有关压力容器的法规、安全技术规范和标准。

### 3.1.1　《中华人民共和国特种设备安全法》

　　《中华人民共和国特种设备安全法》于 2013 年 6 月 29 日经第十二届全国人民代表大会常务委员会第 3 次会议通过,自 2014 年 1 月 1 日起施行。

### 3.1.2　《特种设备安全监察条例》

　　《特种设备安全监察条例》于 2003 年 2 月 19 日经国务院第 68 次常务会议通过,自 2003 年 6 月 1 日起实施。2009 年 1 月 14 日国务院第 46 次常务会议通过了《国务院关于修改〈特种设备安全监察条例〉的决定》,修改后的《特种设备安全监察条例》自 2009 年 5 月 1 日起实施。

　　《特种设备安全监察条例》对各类设备给出了明确的定义和范围,《特种设备安全监察条例》所包含的特种设备是指:涉及生命安全、危险性较大的锅炉、压力容器(含气瓶,下同)、压力管道、电梯、起重机械、客运索道、大型游乐设施和场(厂)内专用机动车辆。

对其进行监察的目的是防止和减少特种设备事故,保障人民群众生命和财产安全,促进经济发展。监察工作的范围包括:特种设备的生产(含设计、制造、安装、改造、维修,下同)、使用、检验检测及其监督检查。同时还规定了特种设备生产、使用单位和检验检测机构的基本义务和接受安全监察的义务。强调对特种设备发生事故的,应按照国家有关规定进行事故调查,追究责任。《特种设备安全监察条例》对特种设备目录的编制方式做出了规定。按照《特种设备目录》,氧舱属于压力容器的一种。

### 3.1.3　《压力容器安全技术监察规程》

《压力容器安全技术监察规程》(1999版)第一次将医用氧舱列入《压力容器安全技术监察规程》的监察范围中,并根据氧舱的特点增加了相应的监察条款。《压力容器安全技术监察规程》是压力容器安全监察和质量监督的基本要求,是压力容器安全技术、监督检验及使用管理等方面的一个总规程。强调压力容器设计、制造、安装、使用、检验、修理和改造七个环节必须满足《压力容器安全技术监察规程》要求,因此也是压力容器安全技术监督和管理的依据。《压力容器安全技术监察规程》对压力容器的结构确定、材料的选择、产品制造等多方面提出了明确要求,氧舱金属舱体及氧舱配套的压力容器必须满足《压力容器安全技术监察规程》中的各项规定。

### 3.1.4　《压力容器》(GB/T 150—2011)

《钢制压力容器》(GB/T 150—1998)是一部集压力容器设计、制造、检验为一体的国家标准,也是我们进行压力容器设计、制造、检验的工作依据之一。该标准适用于对氧舱金属舱体及配套的压力容器的设计、制造和检验,即氧舱设计和制造质量除应符合图纸技术要求外,还应符合该标准的有关要求(由于GB/T 12130和GB/T 19284标准中均注明了所用标准的年号,故此介绍的是GB 150—1998),现行GB 150—2011。

### 3.1.5　《承压设备无损检测》(NB 47013—2015)

《承压设备无损检测》(NB 47013—2015)是压力容器无损探伤的专业标准。该标准共分4篇,详细地规定了射线检测、超声波检测、磁粉检测、渗透检测和涡流检测5种在压力容器制造、安装过程中最常采用的无损检测方法以及缺陷等级的评定。标准的适用范围是对金属材料制压力容器的原材料、零部件和焊缝的无损检测。

### 3.1.6　现行《固定式压力容器安全技术监察规程》(TSG 21—2016)

现行《固定式压力容器安全技术监察规程》(TSG 21—2016)理顺法规与标准的关系,整合、凝练固定式压力容器基本安全要求,与原有的《固定式压力容器安全技术监察规程》(简称《大容规》)及现行《氧舱安全技术监察规程》(TSG 24—2015)分别对氧舱的制造、检验、使用管理等方面提出了技术及管理性要求。《医用氧舱安全性能监督检验项目表》和《医用氧舱全面检验报告》是氧舱开展监督检验和定期检验工作的主要内容,各检验单位应按《氧舱安全技术监察规程》(TSG 24—2015)的有关规定制订检验方案。

# 3.2　氧舱的主要法规、标准体系

## 3.2.1　法规标准体系结构

氧舱的法规标准体系集合了氧舱安全的各个要素,是对氧舱安全监察、安全性能、安全管理、安全技术措施的完整描述,是实现依法监管、依法检验、依法使用的基础。氧舱的法规标准体系结构与特种设备法规标准体系结构一样,可以分成 A、B、C、D、E5 个层次,由 A~E,文件的数量逐级增加;由 E~A,法律效力逐级升高。

法规标准体系的 5 个层次如下:

A 层次:法律。

B 层次:行政法规。

C 层次:国务院部门等规章(简称部门规章)。

D 层次:特种设备安全技术规范。

E 层次:技术标准。

### 3.2.1.1　法规标准体系的 A 层次——法律

法律由全国人民代表大会和全国人民代表大会常务委员会行使国家立法权。分为全国人民代表大会通过的法律和全国人民代表大会常务委员会通过的法律,法律均由国家主席签署主席令予以公布。

《中华人民共和国特种设备安全法》2013 年 6 月 29 日经第十二届全国人民代表大会常务委员会第 3 次会议通过,自 2014 年 1 月 1 日起施行。

法律不得同宪法相抵触。法律的效力高于行政法规、地方性法规、部门规章和地方政府规章。

### 3.2.1.2　法规标准体系的 B 层次——行政法规

国务院根据宪法和法律,制定行政法规。行政法规由总理签署国务院令公布。行政法规的形式包括"条例""规定""办法"等。

现行行政法规中与特种设备有关的主要有《特种设备安全监察条例》(中华人民共和国国务院令第 549 号,2009 年 1 月 14 日通过)、《国务院对确需保留的行政许可审批项目设定行政许可的决定》(2004 年 6 月 29 日发布)等。

行政法规不得同宪法和法律相抵触。行政法规的效力高于地方性法规、部门规章和地方政府规章。

### 3.2.1.3　法规标准体系的 C 层次——国务院部门规章和地方性法规、自治条例和单行条例、地方政府规章

(1)部门规章。国家质量监督检验检疫总局是国务院具有行政管理职能的直属机构,可以根据法律和国务院有关特种设备的行政法规、决定、命令,在本部门的权限范围内,制定部门规章。部门规章应当经部务会议或者委员会会议决定。部门规章由部门首长签署命令予以公布。

(2)地方性法规、自治条例和单行条例。省、自治区、直辖市的人民代表大会及其常

务委员会,根据本行政区域的具体情况和实际需要,在不同宪法、法律、行政法规相抵触的前提下,可以制定地方性法规。省、自治区、直辖市的人民代表大会制定的地方性法规由大会主席团发布公告予以公布。省、自治区、直辖市的人民代表大会常务委员会制定的地方性法规由常务委员会发布公告予以公布。

(3)地方政府规章。省、自治区、直辖市和较大的市的人民政府,可以根据法律、行政法规和本省、自治区、直辖市的地方性法规,制定规章。地方政府规章应当经政府常务会议或者全体会议决定。地方政府规章由省长或者自治区主席或者市长签署命令予以公布。

### 3.2.1.4 法规标准体系的 D 层次——安全技术规范

1. 安全技术规范的定义

特种设备安全技术规范是指国家质量监督检验检疫总局依据《特种设备安全监察条例》对特种设备的安全性能和相应的设计、制造、安装、改造、维修、使用和检验检测等活动制定颁布的强制性规定。安全技术规范是特种设备法律、法规体系的重要组成部分,其作用是把与特种设备有关的法律、法规和规章的原则规定具体化。

安全技术规范的名称可以称规程、规则、导则、细则、技术要求等,但是不得称规章、通知、通告或公告。

2. 安全技术规范的特点

特种设备安全技术规范具有下列特点:

(1)安全技术规范有明确的法律地位,这个法律地位是《特种设备安全监察条例》赋予的。《特种设备安全监察条例》中规定:由国务院特种设备安全监督管理部门制订并公布安全技术规范,特种设备的生产;型式试验;出厂文件;制造过程和安装、维修、改造、重大维修过程的监督检验;使用单位使用的特种设备;特种设备的定期检验要求;特种设备的使用年限;特种设备检验检测工作等均应以安全技术规范为准绳。

(2)安全技术规范全方位、全过程、全覆盖地规范特种设备安全监察工作。

这里所说的全方位是指在单位(机构)、人员、设备、方法等方面体现管理和技术要求的全方位;全过程是指在设计、制造、安装、维修、改造、使用、检验、监察等环节体现管理和技术要求的全过程;全覆盖是指在锅炉、压力容器、压力管道、电梯、起重机械、游乐设施、客运索道、场(厂)内机动车辆、材料、安全附件等设备体现管理和技术要求的全覆盖。

3. 规范性文件

在特种设备法规标准体系的 D 层次中,还应包括国家质量监督检验检疫总局颁发的一些有关特种设备安全监督管理的规范性文件,它们所起的作用与安全技术规范类似。

### 3.2.1.5 法规标准体系的 E 层次——技术标准

1. 技术标准

技术标准主要指安全技术规范中引用的标准,包括国家标准和行业标准。安全技术规范与技术标准主要有如下关系:

(1)安全技术规范是强制性的,技术标准被安全技术规范引用后,其引用部分即为强制性的。

(2)安全技术规范是提出特种设备安全要求的主体,技术标准被引用后,是对安全技术规范的补充。

（3）安全技术规范是对特种设备全方位、全过程的最低安全要求；特种设备产品技术标准中应当清晰表述如何实现安全技术规范的最低安全要求。

需要说明的是，在涉及特种设备产品领域，我国的强制性标准的法律效力，不低于安全技术规范。

2. 标准知识简介

1）标准的分类

我国的标准分为国家标准、行业标准、地方标准和企业标准。国家标准是对需要在全国范围内统一的技术要求制定的标准，国家标准由国务院标准化行政主管部门制定。行业标准是对没有国家标准而又需要在全国某个行业范围内统一的技术要求所制定的标准。行业标准不得与有关国家标准相抵触。地方标准由省、自治区、直辖市标准化行政主管部门制定，并报国务院标准化行政主管部门和国务院有关行政主管部门备案，在公布国家标准或者行业标准之后，该项地方标准即行废止。企业生产的产品没有国家标准和行业标准的，应当制定企业标准，作为组织生产的依据。企业的产品标准须报当地政府标准化行政主管部门和有关行政主管部门备案。

2）强制性标准和推荐性标准

国家标准、行业标准分为强制性标准和推荐性标准。保障人体健康，人身、财产安全的标准和法律、行政法规规定强制执行的标准是强制性标准，其他标准是推荐性标准。

强制性标准，必须执行。不符合强制性标准的产品禁止生产、销售和进口。推荐性标准，国家鼓励企业自愿采用。

3）国家标准和行业标准的分类代号

国家标准的代号是 GB，推荐性的国家标准代号为 GB/T，强制性的国家标准代号直接用 GB。

## 3.2.2　氧舱的主要法规、规章、安全技术规范及标准

### 3.2.2.1　现行法规

《中华人民共和国特种设备安全法》《特种设备安全监察条例》。

### 3.2.2.2　规章、安全技术规范

《锅炉安全技术监察规程》。

《氧舱安全技术监察规程》（TSG 24—2015）。

《固定式压力容器安全技术监察规程》（TSG 21—2016）。

《特种设备焊接操作人员考试细则》（TSG Z6002—2010）。

《特种设备无损检测人员考核规则》（TSG Z8001—2019）。

《特种设备使用管理规则》（TSG 08—2017）。

### 3.2.2.3　相关国家标准

《压力容器》（GB 150—2011）。

《氧舱》（GB/T 12130—2020）。

《医用氧舱用电化学式测氧仪》（GB/T 19904—2005）。

《浇铸型工业有机玻璃板材》(GB/T 7134—2008)。

《工业金属管道工程施工规范》(GB 50235—2010)。

《医用电气设备 第 1 部分:安全通用要求》(GB 9706.1—2007)。

《建筑内部装修设计防火规范》(GB 50222—2017)。

《医用气体工程技术规范》(GB 50751—2012)。

《医用及航空呼吸用氧》(GB/T 8982—2009)。

《声环境质量标准》(GB 3096—2008)。

《压缩空气 第 1 部分:污染物净化等级》(GB/T 13277.1—2008)。

《弹簧直接载荷式安全阀》(GB/T 12243—2021)。

《室内空气质量标准》(GB/T 18883—2002)。

### 3.2.2.4　相关行业标准

《承压设备无损检测》(NB 47013—2015)。

《二甲基硅油》(HG/T 2366—2015)。

# 第 4 章　氧舱舱体

本章首先介绍压力容器,然后讲述氧舱舱体及其主要结构部件。

## 4.1　压力容器基本知识

### 4.1.1　压力容器的定义及载荷

压力容器也称受压容器,顾名思义是指一种能够承受压力载荷的密闭容器。由于这类容器承受着压力载荷,且盛装的介质又都具有一定的危险性(如易燃、易爆、有毒、有害等),因此一旦发生事故,就会给国家财产和人民生命造成很大危害。为此为加强对这类容器的监督管理,国家将这类容器作为一种特种设备,由专门的管理机构市场监督管理局(原质量技术监督部门的特种设备安全监察机构)进行监督检查,并严格按照国家有关技术标准规范的要求,对这种设备进行设计、制造、安装、使用、检验检测、监督检查、改造、维修等环节全方位的管理,以确保其安全。

按照《特种设备安全监察条例》的规定,压力容器的定义是:指盛装气体或者液体,承载一定压力的密闭设备,其范围规定为最高工作压力大于或等于 0.1 MPa(表压),且压力与容积的乘积大于或者等于 30 L 且内直径大于或等于 150 mm,盛装介质为气体、液化气体以及介质最高工作温度高于或等于其标准沸点的液体。

常见的压力容器大多数都属于薄壁容器的范畴。所谓薄壁容器是指容器的外径与内径的比值小于或等于 1.2 的容器。这类压力容器在工作过程中,承受着各种各样的载荷,其中最为常见的载荷是压力载荷、重力载荷、温度载荷等。所有这些载荷都会作用在压力容器的器壁上,并由此而产生压力引起容器整体或局部的变形。

为保证压力容器的安全使用,就必须既保证压力容器的强度,同时又满足压力容器的刚度和稳定性要求。人们往往更多地注意到强度问题,而忽视刚度和稳定性问题。当容器在超出允许的压应力作用下工作,其刚度不能满足要求时,就会突然改变原有的形状,产生被压瘪的失效形式。这种失效问题就是通常所称的压力容器的稳定性问题。对于薄壁容器,只要壁内存在压应力,就有失稳的可能。内压薄壁容器存在的失稳多数为局部失稳,失稳的主要部位一般出现在承受内压的卧式容器的鞍座处,发生失稳后的现象是容器的局部被压瘪。

在压力容器设计中,开孔和补强是一个不可避免的问题。任何一台压力容器,无论其形状如何,都会由于工艺和结构的要求,需要在容器的壳体上开孔安装接管,以满足最基本的使用条件。如供容器内介质进出的接口,用于监视测量的各种仪表、安全附件的接口,供检验、维修用的人孔和手孔等。由于开孔去掉了壳体的部分承压金属,这样不但会削弱容器壳壁的强度,而且还会因为开孔破坏了结构的连续性,使得开孔附近形成较高的局部应力集中现象,即在开孔边缘处产生局部应力。通过测量可知,这种局部应力的峰值很高,通常能达到壳体薄膜应力的3倍,甚至会达到5~6倍。此外,在开孔接管处,有时还会受到各种外载荷、温度、环境等因素的影响,再加上壳体与接管的材质往往不同以及在制造过程中产生的一些缺陷和检验上的不便等原因的综合作用,很多失效现象就会从开孔边缘处开始发生并扩展。因此,为降低开孔边缘处的局部应力,在壳体的开孔处,必须采取必要的补救措施,以保证容器自身的安全。压力容器开孔补强的主要方法有等面积补强法、极限分析补强法和安定性分析补强法等。

## 4.1.2　压力容器的分类

(1)压力容器根据危险程度,按介质分组分类。

①第一组介质,毒性危害程度为极度、高度危害的化学介质,易爆介质,液化气体。

②第二组介质,第一组以外的介质。

(2)按压力等级划分。

压力容器的设计压力($P$)划分为低压、中压、高压和超高压4个压力等级:

①低压(代号L):$0.1\ \mathrm{MPa} \leqslant P < 1.6\ \mathrm{MPa}$;

②中压(代号M):$1.6\ \mathrm{MPa} \leqslant P < 10.0\ \mathrm{MPa}$。

③高压(代号H):$10.0\ \mathrm{MPa} \leqslant P < 100.0\ \mathrm{MPa}$。

④超高压(代号U):$P \geqslant 100.0\ \mathrm{MPa}$。

(3)特定形式的压力容器。

①非焊接瓶式容器。

②采用高强度无缝钢管(公称直径大于500 mm)旋压而成的压力容器。

③储气井。

④竖向置于地下用于储存压缩气体的井式管状设备。

⑤简单式压力容器。

(4)按用途划分。

压力容器按用途和生产工艺过程中的作用原理,划分为反应压力容器、换热压力容器、分离压力容器、储存压力容器。

①反应压力容器(代号R),主要用于完成介质的物理、化学反应的压力容器。如各种反应器、反应釜、聚合釜、合成塔、变换炉、煤气发生炉等。

②换热压力容器(代号E),主要用于完成介质的热量交换的压力容器,如各种热交换器、冷却器、冷凝器、蒸发器等。

③分离压力容器(代号S),主要用于完成介质的流体压力平衡缓冲和气体净化分离的压力容器,如各种分离器、过滤器、集油器、洗涤器、吸收塔、铜洗塔、汽提塔、分汽缸、除氧器等。

④储存压力容器(代号C,其中球罐代号B),主要用于储存或者盛装气体、液体、液化气体等介质的压力容器,如各种形式的储罐。

(5)根据受压方式,可将压力容器分为内压容器和外压容器两大类。由于真空容器的内部压力小于一个绝对大气压,所以一般把真空容器也划归为外压容器的范畴。

### 4.1.3　压力容器的工艺参数及工作介质

#### 4.1.3.1　压力

压力是压力容器设计计算的主要技术参数,也是容器使用中的关键工艺参数。这里所说的压力是指压力表指示的表压力。压力容器所涉及的压力有以下几种:

(1)工作压力。指在正常工作情况下,容器顶部可能达到的最高压力,也称最高工作压力。

(2)设计压力。指设定的容器顶部的最高压力,与相应的设计温度一起作为设计载荷条件,其值不应低于工作压力。

(3)试验压力。指在压力试验时,容器顶部的压力。

#### 4.1.3.2　温度

设计温度指容器在正常工作情况下,设定的元件金属温度(沿元件金属截面的温度平均值)。容器铭牌上标注的设计温度,是指壳体设计温度的最高或最低值。

试验温度指在压力试验时,壳体金属的温度。

#### 4.1.3.3　直径和容积

进行压力容器的设计,首先要确定容器的基本结构、参数和介质。在考虑容器的结构时,主要涉及的是容器的直径和容积。

1. 直径

对于钢制压力容器来说,容器的直径是设计和校核计算中的重要参数。按照《压力容器公称直径》(GB/T 9019—2015)的标准,容器的公称直径指的是筒体的内径。

采用钢管作容器的筒体时,容器的公称直径指的是钢管的外径。如直径为 273 mm 的容器的公称直径的表示方法为:公称直径 DN273。

2. 容积

容积是指压力容器的几何容积,即由设计图样标注的尺寸计算(不考虑制造公差)并圆整,且不扣除内件体积的容积。对于夹套式压力容器,其容积应为夹套的实际容积。

#### 4.1.3.4　工作介质

压力容器的工作介质主要为气体、液化气体或最高工作温度高于或等于标准沸点的液体。如压缩空气、氧气、氮气、液化石油气等。

### 4.1.4　压力容器常用材料

材料是构成压力容器的物质基础,因此材料选用的是否合理、材料本身质量的优劣都直接影响压力容器是否能安全可靠地运行。由于在化工、石油化工、冶金、医药、食品、轻工、纺织等众多领域都涉及压力容器,所以压力容器用材的种类较多,不仅有金属和非金属之分,还有黑色金属和有色金属之分。但从目前使用情况来看,绝大多数的压力容器都是按照《压力容器》(GB/T 150.1～150.4—2011)的标准制造的。

#### 4.1.4.1　选材原则

压力容器是在承压状态下工作的,且多数压力容器的工况条件较差,因此用于制造压力容器的钢材应能满足压力容器的操作条件。压力容器选材时,应考虑材料的力学性能、化学性能、物理性能和工艺性能。

#### 4.1.4.2　常用材料

压力容器常用材料的种类有碳素钢、低合金钢、高合金钢、不锈钢,其中用于焊接结构压力容器的主要受压元件的碳素钢和低合金钢,其含碳量不应大于 0.25%。此外,当用铸铁、有色金属、复合钢板等材料制作压力容器时,还应按《固定式压力容器安全技术监察规程》(TSG 21—2016)的有关条款执行。

### 4.1.5　压力容器的过程控制

对压力容器实行全过程控制,就是指从压力容器的设计、制造、安装、改造、维修、使用、检验检测及其监督检查等环节的控制,只有这样才能做到对压力容器全方位的监督管理。

## 4.2　舱体的结构及其特点

### 4.2.1　舱体结构的特点

氧舱是一种特殊的载人压力容器,它是由多部件、多系统组成的,而氧舱舱体则是构成氧舱的最主要部件之一。舱体的结构形式不同,所构成的氧舱类型也不同。按照《固定式压力容器安全技术监察规程》(TSG 21—2016)对压力容器划分类别的规定,根据氧舱的工作参数,氧舱舱体应属于第一类压力容器,这里所说的压力容器指的就是氧舱的舱体。氧舱舱体的结构在压力容器结构设计中,是属于比较简单的一种,但在具有简单结构的同时,氧舱舱体的设计也有其自身的特殊性,其主要特点如下所述:

(1)舱门的超大开孔。

氧舱舱门的超大开孔是每台氧舱都涉及的一个特殊结构。由于氧舱舱门是患者与医护人员进出氧舱的通道,为满足治疗与使用的需要,舱门必须采用远远超过国内压力容器设计规范中所允许的开孔限制的大开孔形式。而对于这种大开孔的结构设计,目前我国还没有一个成熟的设计规范,因而对于这种超出我国设计规范要求的特殊结构(包括多舱室的中间隔舱壁),允许参照国外有关标准、规范进行设计,或采用应力分析设计方法或利用应力测试方法,对实物进行实测、分析,从而得出结论。

(2)快开式外开门结构。

部分氧舱舱门和递物筒,都采用的是快开式外开门结构。这种结构具有能快速开启、关闭舱门和方便人员进出、医疗器械及药品传递的功能,它克服了常见的带紧固螺栓密封结构的装拆困难、劳动强度大、装拆时间长、难以满足快速开启要求的缺陷。能频繁地开启、关闭是快开式外开门结构的优点,但这种结构如果在设计、制造和安全等方面考虑不周或在使用中未严格按操作程序进行操作,也很容易发生事故。为此,《固定式压力容器安全技术监察规程》对快开式外开门结构提出了基本要求,《氧舱》(GB 12130—2020)标准中也做了规定:舱门和递物筒的快开式外开门结构,必须设有连通阀和安全连锁装置,且锁紧件未完全达到预定工作部位之前,舱内不能升压;舱内压力未完全释放之前,锁紧件不能松开。还应设置与上述动作同步的报警装置,避免在舱内卸压未尽前或带压下打开舱门以及在舱门未完全锁紧前升压的情况出现。

（3）舱体整体补强。

氧舱舱体采用整体补强的方法,来解决因开大孔造成对舱体强度的削弱问题。整体补强法是以极限分析法为依据得出来的,这种补强方法,主要是采取整体增加氧舱舱体壁厚,克服了因开大孔导致的强度下降。采用整体补强的另一作用是增加氧舱舱体的刚度,提高了氧舱的稳定性。

（4）系统工程的设计。

氧舱除按《氧舱》（GB/T 12130—2020）、《压力容器》（GB/T 150.1～150.4—2011）的有关规定设计外,氧舱的更多设计内容和要求,则是在配套的电气、内装饰、供排氧（气）、控制台等方面。因此,可以称氧舱的设计是一个系统工程的设计,它要求设计人员要有较全面的知识和能力,才能保证氧舱的设计工作质量和适用性。

## 4.2.2　舱体的结构

### 4.2.2.1　氧气加压舱的结构

氧气加压舱（包括透明氧舱）,顾名思义,就是将医用氧气作为氧舱的加压介质,经减压、湿化处理后,通过供氧系统管路,直接输入进舱,并使舱内压力升至使用压力,而舱内的患者在不使用吸氧面罩的情况下,可自由呼吸,且全身都置于高浓度氧的环境中。

氧气加压舱的结构相对来说较为简单,除需配备供氧的氧气间和氧气汇流排外,一般不再需要配备其他设备。氧气加压舱,根据进舱患者对象的不同,舱体内径及材料的选用也不相同。

（1）钢制氧气加压舱。

钢制氧气加压舱为单人舱型（见图4-1）。按《氧舱》（GB/T 12130—2020）规定,氧气加压舱进舱人数为1人。钢制氧气加压舱从外部侧面的形状上看,可分为圆形和椭圆形两种。

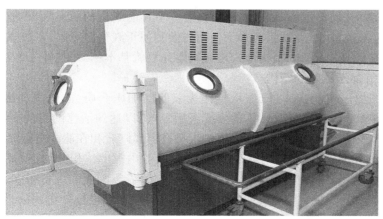

图 4-1　钢制氧气加压舱

钢制氧气加压舱,也就是将氧气作为加压介质,直接向舱内加压。这种氧舱一般内径为 900 mm,舱容也较小(1~1.5 m³)(过去生产的 74 型或 75 型舱,即氧舱内径为 750 mm,其舱容则小于 1 m³)。由于钢制氧气加压舱结构简单、价格也较低,且因舱内充满高浓度氧气,患者不需要佩戴面罩,可自由呼吸,很适合于昏迷及瘫痪患者的单独治疗。这种形式的氧舱,适合于较小的医疗单位和厂矿医院使用。但这种氧舱,因舱内充满高浓度氧气,存在着火灾的潜在危险,故应重点防止静电火花和其他火种进舱。

钢制氧气加压舱的舱体是用压力容器板材经卷制、组对、焊接而成。舱体一端与压制的椭圆形封头焊接,而另一端焊有活套门圈,舱门由非标准椭圆封头及法兰焊接而成,被称为快开式外开门结构的舱门。舱体上开有观察窗、照明窗及用于介质和导线进出的各种管口,以保证氧舱的正常运行。现在大多数新制造的单人氧气加压舱,通过改型,已基本上将舱内的通信对讲、报警、空调等电器移至舱外,生物电插座也已去掉。某些氧舱设计单位还对单人氧气加压舱的舱门(快开式外开门结构)进行了改进,将属于快开式外开门结构的啮合式舱门,改为了撑挡式结构的舱门。

(2)有机玻璃氧舱。

目前有机玻璃氧舱分为透明成人氧舱和透明婴儿氧舱。

透明婴儿氧舱,是针对婴幼儿的特点专门为其设计的。透明婴儿氧舱采用氧气直接加压的方式,氧舱的规格型号主要有 3 种:500 mm×1 000 mm、500 mm×1 200 mm 和 500 mm×1 500 mm。舱内的最高工作压力为 0.1 MPa。透明婴儿氧舱适合于对新生儿、婴幼儿和儿童缺氧缺血性疾病的治疗。由于透明氧舱观察、监视方便,又能避免舱内患者的恐惧感,因此这种舱型将是氧舱的一个发展方向。

透明婴儿氧舱采用浇铸型工业有机玻璃管材作为筒体,筒体两端为金属板的平端盖(其中一端盖为舱门),供婴幼儿进出的舱门采用外开门的形式,门盖通过铰链,使杠杆紧压在前端盖上。氧舱所需的所有接管开口均设置在平端盖上,舱体与端盖之间,用橡胶垫圈密封,端盖与有机玻璃管材的连接方式采用紧固件(长螺柱拉紧)连接。由于 500 mm×1 000 mm 的氧舱仅适用于新生儿和婴儿,故舱内除装有用于测量温度的传感器外,无其他电气元件,基于安全考虑,舱内配置人体导静电装置。而其他规格的氧舱还配有通信对讲等装置。由于婴儿氧舱体积较小,且考虑到使用方便和便于观察等原因,多数氧舱就直接放在操作台上。透明成人氧舱的结构形式与透明婴儿氧舱基本相似,其外径不小于 650 mm。

### 4.2.2.2 空气加压氧舱的结构

多人空气加压氧舱,是将压缩空气作为氧舱的加压介质,向舱内加压,使舱压升至 0.15 MPa 左右,患者通过面罩呼吸高浓度医用氧气,以达到治疗的目的。空气加压氧舱可同时容纳多人治疗,效率高,也便于医护人员及家属陪舱和在舱内进行简单治疗及实施其他抢救措施。空气加压氧舱与氧气加压舱相比,舱内氧的体积分数不易快速升高,相对较为安全。但空气加压氧舱自身结构较为复杂,造价高,需配套的设备和仪器仪表也多,操作起来有一定难度,需要有合格的医护人员和技术管理人员进行操作、维护和保养。目前,我国多人空气加压氧舱在其设计、制造、检验等方面,均已有较成熟的国家规范及标准。

空气加压氧舱是通过压缩空气来调整控制舱压的,患者依靠舱内供氧调节器[调节器的进口氧压高于舱压(0.4±0.05)MPa],再通过吸、排氧面罩,呼吸到接近舱压的高浓度医用氧气。由于舱内压力是由压缩空气进行调节的,因而空气加压氧舱就必须要有一套供、排气系统。另外,空气加压氧舱的舱内,多数都要进行装潢,这又给氧舱的制造、检验带来了一定的难度。

空气加压氧舱的舱体,由金属材料制成的圆柱形筒体和两端椭圆形封头组成,支座形式一般都采用卧式鞍座式,舱体上开有舱门、观察窗、照明窗、递物筒、电气接口和气体接口等,舱内安有座椅或活动床架,配有用于吸氧或治疗的医疗器械、用品和设施,舱内壳壁及地坪一般经装潢处理。

# 4.3　舱体的主要结构部件

氧舱舱体是氧舱的主要组成部分,包括氧舱壳体、舱门、递物筒、观察窗、照明窗、摄像窗等。

## 4.3.1　氧舱壳体

氧舱壳体,是构成氧舱舱体的最主要部件之一。根据氧舱壳体结构的不同,氧舱壳体外形可分为圆柱形和椭圆形(德国有一种方形氧舱);按氧舱用材的不同,氧舱壳体又可分为钢制壳体和有机玻璃壳体。

### 4.3.1.1　钢制壳体

钢制氧舱壳体一般是采用普通压力容器钢板,经卷制、组对、焊接等工序制造而成的压力容器。氧舱壳体多数呈卧式圆筒形,两端采用椭圆形封头,以保证舱体处于最佳的应力分布状态,增加了抗拉强度。根据氧舱规格、形式的不同,钢制氧舱舱体分为单人氧舱和多人氧舱,按其舱体结构大致可分为:外开式舱门单人舱体、平移门多人舱体和内开门多人舱体。成人单人空气加压舱见图 4-2。

图 4-2　成人单人空气加压舱

#### 4.3.1.2　有机玻璃壳体

这种舱的壳体材料采用的是浇铸型工业有机玻璃管材,所以也称它为透明氧舱。透明氧舱又分为成人氧舱和婴儿氧舱。由于受我国工业有机玻璃管材规格的限制,目前透明氧舱主要是婴幼儿氧舱(见图 4-3),其规格是:外径为 500 mm,长度有 3 种,分别为1 000 mm、1 200 mm 和 1 500 mm。还有个别透明氧舱,它的外径为 600 mm 乃至 900 mm。

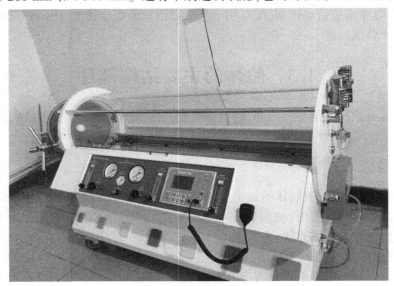

图 4-3　婴幼儿氧舱

### 4.3.2　舱门

舱门是患者和医护人员进氧舱的通道,因此舱门的结构、大小直接影响着氧舱的使用。对于舱门的规格,氧舱标准做了明确规定:氧舱矩形舱门的透光宽度应不小于 650 mm,圆形舱门的直径应不小于 750 mm。同时标准还规定:对设有电动机构或气动机构传动的外开式舱门,必须配置手动操作机构,以确保舱门动作的可靠性,手动开门时,其开门的时间不得超过 60 s。

目前使用的氧舱舱门主要分为内开式舱门和外开式舱门两种结构。由于舱门的结构比较特殊,因此制造工艺较为复杂。为减少由于焊接引起的变形,必须考虑舱门材料的厚度,同时在制造舱门过程中,不论是内开式舱门的门框,还是外开式舱门的活套法兰圈,在焊接结束后,均需对其进行整体热处理,以消除制造过程中遗留的残余应力。

#### 4.3.2.1　内开式舱门

多人空气加压氧舱的舱门和氧舱内中间隔舱壁上的舱门常采用内开式舱门结构。这种结构的舱门,设有平衡压力的连通阀。内开式舱门具有密封性能好的特点,特别是当压力升高后,密封性能就更容易保证。缺点:舱门的制造加工有一定的难度,且在打开舱门时,需要占有舱内的一定空间,不利于舱内座位的安排。对于氧舱中间隔舱壁上的舱门,还应注意使用中不得使舱门受到反向压力。

#### 4.3.2.2　外开式舱门

外开式舱门是一种氧舱舱门和锁紧件经一次连续动作后,能够完成开启或闭合过程,而不需要逐个上紧紧固螺栓的结构形式。

外开式舱门多用在单人氧舱或小型氧舱上(特别是氧气加压舱,包括透明氧舱),氧舱常用的外开式舱门,多为快开式外开门结构的舱门。

#### 4.3.2.3　平移式舱门

目前在国内外又出现一种平移式结构的舱门。该舱门由平移门板、门框、围栏、上下导轨和气动系统组成。一旦气动系统发生故障,在舱内外都设有应急手动系统可以开门。平移式舱门具有舱内外地面同一水平,便于担架车进出以及舱门开启不占舱容等优点。

### 4.3.3　递物筒

GB/T 12130 中规定,除单人氧舱外,多人氧舱应配有内径不小于 300 mm 的递物筒。递物筒的主要作用是在治疗时便于进行舱内、外医疗物品的传递。为满足使用要求,安装在舱体上的递物筒体在氧舱内、外分别设有密封门。但 2 个密封门的受力状况不同,递物筒的内门受舱内气体压力(或不受压),而外门在内门打开时,也承受着舱内气体压力。递物筒的舱内密封门采用渐开式结构,有时也用卡箍式结构,通过采用回转环和压紧螺栓锁紧。密封门上装有压力平衡阀。而舱外的密封门,则多采用快开式外开门结构。在开启递物筒放入或取物时,递物筒两端的密封门,总有一端的门是处于关闭位置。对这种快开式外开门结构,必须配有安全附件,主要包括:显示筒内压力的压力表(所配压力表的起始刻度 0 位与第一刻度线之间应有明显间距)、连通阀(又称平衡阀)及安全连锁装置。递物筒见图 4-4。

图 4-4　递物筒

### 4.3.4　观察窗、照明窗(摄像窗)

除透明氧舱外,无论何种类型的氧舱,在氧舱的舱体上都安装有若干数量的观察窗、照明窗,以保证操作人员能够观察到舱内每一位患者的治疗情况。为满足使用要求,不仅对氧舱的观察窗(照明窗)有数量上的要求,同时对其透光直径也有具体要求,即氧舱观察窗透光直径应不小于 150 mm(照明窗的透光直径一般在 180 mm 左右)。

此外,GB/T 12130 对氧舱的观察窗(照明窗)透光材料的种类、质量等方面也做了规定。要求观察窗(照明窗)的透光材料应选用工业有机玻璃,材料质量应符合《浇铸型工业有机玻璃板材》(GB/T 7134—2008)中一等品的规定。

工业有机玻璃的强度、寿命同使用的工作环境、材料厚度、加工工艺、表面质量、加压次数等因素有很大关系。舱房的温度及氧舱内的温度变化对其有较大的影响,应加以控制。对借助于观察窗做照明窗用的氧舱,其照明形式必须采用冷光源,避免局部照明使有机玻璃升温。另外还应注意的是,当有机玻璃局部受到拉伸应力时,经过一定时间,在玻璃内外会产生许多微形裂纹:这种裂纹在光线照射下,会闪射出银光,这就是常说的"银纹"。银纹有两种形式,一种是应力银纹,其银纹方向与应力方向相垂直;另一种是由于有机溶剂作用而产生的银纹,这种银纹无方向性,长度较短,密度大。我们对由应力和溶剂同时作用产生的银纹,称作应力溶剂银纹。银纹是一种不能消除的缺陷,因此在加工、装配有机玻璃视镜片时,要注意以下几点:

(1)在加工视镜片过程中,应采取降温措施,抛光玻璃表面,并应进行退火处理,以消除应力。

(2)装配时,要检查视镜片表面有无划伤、银纹和裂纹(是否符合 GB/T 7134 规定的一等品的要求),并应平整地将视镜片装于视镜座上,使之均匀受力,不得敲击或强制安装。

(3)对加工后的镜片,应在每 2 片之间,增加 1 层保护膜。

(4)建议在有机玻璃视镜片外侧,加装 1 个玻璃保护层。

(5)用于氧舱筒体的有机玻璃,应选用浇铸成型的有机玻璃,不得采用熔焊拼接成型。

(6)若选用的成型材料规格,超出 GB/T 7134 的要求,应由材料供应商按企业标准要求供货。

### 4.3.5　安全连锁装置

安全连锁装置是安装在快开式外开门结构的递物筒及氧舱舱门上的一种安全装置。安全连锁装置的主要作用:防止快开式压力容器因误操作造成事故。安装在氧舱上的安全连锁装置必须具有以下功能:

(1)快开门达到预定关闭部位后,压力容器方能升压运行。

(2)压力容器的内部压力完全释放后,方能打开快开门。

此外,安全连锁装置的传感元件及显示元件必须具有足够的精度和稳定性。

对于氧气加压的氧舱,按 GB/T 12130 的要求,采用快开式外开门结构时,应设有压力连锁机构。连锁机构的锁定压力应不大于 0.02 MPa,复位压力应不大于 0.01 MPa。

目前,氧舱上常见的快开门和锁紧件的结构形式有啮合式、撑挡式和卡箍式 3 种。由于氧舱具有快开门结构的特点,因此在使用中,要特别注意加强管理,保证其安全。对于快开门式舱门及递物筒,在闭合过程中,若发生闭合不到位的情况,应及时处理,不允许强行就位。

# 4.4　氧舱内的主要设施

目前,舱内装潢主要有两种处理方法:第一,对于单人氧舱,由于舱体直径较小,不易使用过多的装潢材料,一般只做简易的装潢,即在已处理过的氧舱内壁上,加上一层不锈钢板或铝合金板,有的则直接在内壁上喷涂油漆或阻燃涂料。第二,对于多人氧舱来说,舱内的装潢就比较讲究了。首先是在舱体内壁上焊装必要的框架,作为舱内装饰板的骨架,然后将各种管路(包括供、排气管路和供、排氧管路以及连接各种仪器、仪表的导线管路)和电缆电线等,均隐蔽在由装饰板组成的墙壁夹层里面,舱内地坪也经装潢,从而构成一种让患者感觉较为舒适的舱室环境。本节主要介绍氧舱内的一些主要设施。

## 4.4.1　氧舱设施的配备

氧舱设施的配备主要是从满足治疗要求、监控测试、改善舱内环境等方面考虑的。氧舱内严禁装设熔断器、继电器、转换开关、镇流器和电气、动力控制器等可能产生电火花的电气元件。

### 4.4.1.1　用于治疗需要的设施
(1)冷光源照明灯。
(2)吸氧面罩以及供、排氧(气)管路。
(3)吸引装置及真空表。
(4)急救吸氧装具及氧气流量计。
(5)药物器械专用柜。
(6)患者座椅及床具。
(7)有些氧舱还配有生物电插座。

### 4.4.1.2　用于监控需要的设施
(1)对讲机的喇叭、话筒及连接电缆导线。
(2)测量温度的传感器及接口。
(3)监视舱内情况的摄像装置。
(4)应急声、光报警装置。
(5)舱内应急排气阀。
(6)压力表、安全阀、测氧仪采样口等接口。
(7)舱内导静电装置(主要用于氧气加压舱)。
(8)消防器材。
(9)过渡舱与治疗舱之间带锁紧机构的舱门上的连通阀。

### 4.4.1.3　用于改善舱内环境需要的设施
(1)舱内空调装置。
(2)进气消声器。
(3)加湿装置。
(4)坐垫、床垫的装饰。

（5）舱内壳壁上的装饰板或表面涂层及地坪装饰等。

## 4.4.2 对舱内设施配备的基本要求

对舱内设施配备的基本要求,主要从安全、方便、舒适和便于消毒、清洗几个方面考虑。

### 4.4.2.1 舱内采样口位置

舱内采样口位置正确与否,直接关系到能否保证准确地测定舱内的氧的体积分数。由于氧气与空气的比例不同,所以舱内采样口的位置过高或过低,都不能准确地反映出氧舱舱内氧的体积分数的真实情况。为了安全及规范管理,舱内采样口的位置(高度),应设在舱室中部,其出口应伸出装饰板。另外为了防止采样管口被堵塞或由于管子伸出过多,易于磕碰,建议采样管伸出装饰板后,应向下弯曲,且在管口处套加少量软管保护(目的是易于清理管口)或加保护罩。

### 4.4.2.2 应急排气阀

对于空气加压氧舱,在舱内、外均应设置机械式快速开启的应急排气阀,并配以红色标记和标示应急排气阀手柄开、关方向的标记。对单人氧舱允许仅在舱外设置应急排气阀。舱外设置的应急排气阀,应布置在控制台附近,便于操作者操作。应急排气装置中的排气阀,必须选用能快速开启的球形阀结构(对于氧气加压舱的应急排气阀,必须选用铜制或不锈钢制球型阀门),不能选用渐开式阀门。球阀规格的选用,应以满足在应急状态下,能快速开启迅速降低舱内压力的需要为准。在实行应急卸压时,氧舱从最高工作压力降至 0.01 MPa 的时间,应符合单人氧舱不超过 1 min 和多人氧舱不超过 2.5 min 的要求。

### 4.4.2.3 舱内消音器

在一定压力下,当压缩气体从供气管道出口泄放到舱内时,由于容积的突然增大,压力降低,会产生很大的噪声,影响舱内患者的身心健康。因此,在舱内的进气口处(对于氧气加压舱,是在氧气进气口处),应设有空气(氧气)消音器,以达到减少噪声的目的。

### 4.4.2.4 舱内导静电装置

舱内导静电装置的设置主要是针对氧气加压舱而言。由于治疗的需要,患者在舱内停留的时间较长,难免会由于一些动作,造成人的衣物与其他材料的相互摩擦而产生静电。然而对于氧气加压舱来说,舱内的氧的体积分数非常高,哪怕有一点点静电,也是非常危险的。所以,在氧气加压舱内,必须设置导静电装置,及时地将产生的静电排泄掉。该装置是将特制的金属腕环套在患者的手腕上,然后通过与金属腕环连接的金属编织带与舱体良好接触,使人体和舱体形成等电位,从而使产生的静电及时排泄,而得不到积聚。

### 4.4.2.5 吸引装置

舱内吸引装置是在氧舱的正常操作过程中,用于对患者治疗的一种备用器械。主要应考虑吸引装置的位置,应便于医护人员的操作。

### 4.4.2.6 消防器材

舱内消防器材的配备,主要是针对多人氧舱而言。对于单人氧气加压舱中的灭火问题,目前尚未见有效办法,因而在使用中应特别注意预防。

有关氧舱消防器材的问题在第 11 章中将进行详细介绍。

#### 4.4.2.7　加湿装置

加湿装置主要用于氧气加压舱,其目的是通过此装置来增加氧舱内的湿度,从而起到既降低舱内静电产生及积聚的可能,又提高舱内可燃物的着火点,预防舱内着火的重要作用。

# 4.5　氧舱常用材料

氧舱在制造、安装过程中涉及的材料种类较多,包括一般压力容器制造用材以及远远超出其压力容器用材范围的材料,如舱内的装饰材料、座椅、床垫的面料、各种电缆电线材料等。氧舱在选用这些材料时都有着严格的要求。下面简要介绍氧舱制造中所涉及的几种常用材料。

## 4.5.1　金属材料

按压力容器的分类规定,氧舱属于第一类压力容器的范畴,也就是说,氧舱的舱体部分(或称为壳体部分)属于压力容器。由于氧舱对使用的工况条件没有特殊的要求(最高工作压力大于 0.3 MPa,操作温度为常温),舱内介质也较为单一(一般为高浓度氧气或压缩空气),因而氧舱舱体所用的板材通常为普通碳素钢或优质碳素钢。此外,氧舱的供、排氧系统和供、排气系统,是由不同材质和不同规格的管子、管件、阀门和密封元件等组成的。按照《医用氧舱安全管理规定》的要求,氧舱供氧系统的管路及管路上的阀件,应采用铜质或不锈钢材料;对于氧气加压舱来说,供氧管道也可以采用无毒抗氧化的软管,密封元件应采用紫铜或聚四氟乙烯等难燃材料;氧舱的供气系统管路,应采用无缝钢管,密封元件不得采用石棉制品。

#### 4.5.1.1　钢材

氧舱制造涉及的钢材(指黑色金属)主要包括板材、管材、锻件等。板材主要是用于舱体、封头的制造,通常选用普通钢或优质碳素钢,这种材料具有较好的机加工和焊接性能。锻件则用于制作舱体法兰、门框、凸缘以及平盖等部件。

管材在舱内使用的不多,主要是用于空气加压氧舱的供、排气管路,管路的材质应选用无缝钢管。无缝钢管是一般无缝钢管的简称,是指用普通碳素钢、优质碳素钢制造而成的管子。无缝钢管按其制造方法分为热轧管和冷拔管两种。一般钢管规格的表示方法是用管子的外径乘以管子壁厚。

#### 4.5.1.2　铜材

由于氧舱的供、排氧系统管路内的介质为高浓度氧气,因此管道的材质必须采用铜管或抗氧化的不锈钢管,而目前我国制造及使用的氧舱的供、排氧管路多数使用紫铜管。紫铜管具有良好的导电性、导热性、冷热态压力加工性、焊接和钎焊性。在室温和大气环境下,有较好的抗腐蚀性。紫铜管具有良好的可塑性,便于现场敷设成型,故大部分氧舱的供、排氧管路均使用紫铜管,弯头一般根据现场的安装需要,按样杆弯制而成。

#### 4.5.1.3　铝合金材

目前国外的一些氧舱,也有用铝合金材料制成的。

### 4.5.2　工业有机玻璃

氧舱舱体上的观察窗、照明窗、摄像窗以及透明氧舱的舱体等均采用工业有机玻璃。用于氧舱的工业有机玻璃材质执行的标准是《浇铸型工业有机玻璃板材》(GB/T 7134—2008)。该标准所适合的有机玻璃,是以甲基丙烯酸甲酯为原料,在特定的模具内进行本体聚合而形成的无色、有色、透明、半透明、不透明的工业有机玻璃板材、棒材和管材。在氧舱的制造中,主要使用的是透明的工业有机玻璃板材和管材。

#### 4.5.2.1　工业有机玻璃板材

氧舱制造、安装中使用的有机玻璃板材主要是用在舱体的观察窗、照明窗及摄像镜头窗处,它既可以起到透光和便于操舱人员对舱内的观察作用,同时也能通过有机玻璃起到密封作用。有机玻璃板材的物理力学性能包括拉伸强度、冲击强度、洛氏硬度、断裂伸长率、维卡软化温度、热变形温度、抗溶剂银纹性以及透光率等。工业有机玻璃板材的规格包括:幅面尺寸、板材厚度、厚度公差等。GB/T 7134 中,对有机玻璃板材的外观质量提出多项控制指标的要求,其中包括气泡、表面擦伤、外来杂质、硅玻璃结节圆涡、硅玻璃上的碱析、硅玻璃条纹、表面收缩痕、裂纹、银纹、硅玻璃破裂痕迹、表面残留硅玻璃等。

#### 4.5.2.2　工业有机玻璃管材

工业有机玻璃管材,主要用于成人及婴幼儿氧舱(简称透明氧舱)的舱体。当采用有机玻璃管材制造氧舱舱体时,为避免因形状不连续而产生过大的应力集中,氧舱舱体上是不允许有任何开孔的,所有的开孔、接管均应开设在舱体两边的金属端盖上。有机玻璃管材的物理力学性能,要比其板材的物理力学性能指标少。透明氧舱舱体使用的有机玻璃管材的主要性能有拉伸强度、抗溶剂银纹性、透光率 3 项指标。有机玻璃管材的规格主要包括:管材的外径及外径的公差、管材的壁厚及壁厚公差。有机玻璃管材外观质量的控制指标主要包括银纹、气泡、外来杂质、收缩痕、严重擦伤、内壁波纹等。氧舱上使用的工业有机玻璃板材和管材的外观质量,必须满足 GB/T 7134 的要求。

### 4.5.3　装饰材料

氧舱舱体内部设置的器物和装饰材料的选用应符合 GB/T 12130 的规定。标准中规定的舱内设置物品有两种:一种是指舱内的座椅、床、柜具以及用于舱内装饰的装饰材料(主要是指用于舱内壁,包括壳壁和地板的装饰板),所有这些物品都必须采用不燃或难燃材料制成,即装修材料燃烧性能为 A 级或 B1 级材料。而另一种指的是舱内其他用品,如吸氧面罩、舱门密封圈、电缆电线、通信对讲和应急报警装置等,对这一类既不属于装饰材料,也无法达到 A 级或 B1 级防火等级要求的器材,标准中没有做明确的防火规定要求。

### 4.5.4　电缆电线

氧舱的电气系统是由多种电气元件、器件、仪表等通过电缆电线的连接而构成的。氧舱电气系统能否正常工作,除要求舱内各种电气的元器件、仪表符合要求外,对常用电缆电线的种类、规格、质量也有严格的要求,具体如下:

（1）电缆电线应具有较高的机械强度。

（2）电缆电线的导体材质应为铜线（铜芯电缆具有导电率高、机械强度大、易于加工、焊接施工方便、耐腐蚀等特点），不能使用铝芯线。

（3）阻燃性能好，且具有良好的纵向密封性能。

## 4.5.5　氧舱舱房安装要求

《氧舱安全技术监察规程》（TSG 24—2015）中要求医用空气加压氧舱的压力调节系统、呼吸气系统安装位置应当避免有可能聚集油脂等污染源，并且压力调节系统的气体压缩设备、配套压力容器、气体净化装置以及呼吸气系统的气体汇流排、液氧储罐（绝热气瓶除外）等承压设备不允许安装在建筑物二层以上（含二层）的建筑物内；且压力调节系统的设备不得与医用空气加压氧舱安装在同一房间内。

为保证氧舱的正常使用，舱房应足够大，舱体在舱房中的位置应能保证房间内还有足够的空间能使氧舱正常使用、运送患者以及安装必要的辅助设备。对舱房的基本要求如下：

（1）舱房内应适当设置为患者诊断、患者更换及存放衣物的空间。

（2）舱房内必须保证有充足的光线，还应配备应急照明装置。

（3）为保证能够及时与外界联系，舱房内应有电话等联络设施。

（4）舱房内的温度保持在 20 ℃左右，湿度在 50%以上，这样有利于防火和消除静电。

（5）舱房应配备数量足够的灭火器。

（6）舱房内所有设备应保持清洁、严禁污染，特别是油污染。

（7）应在舱房内外的醒目位置张贴"严禁烟火"的明显标志。

# 第 5 章　　氧舱安全附件

为了确保氧舱的安全运行,必须在氧舱上装设测量工作压力、氧的体积分数的监测装置和遇到异常工况时保证氧舱安全的泄压装置,这些装置通称安全附件。氧舱的安全附件有安全阀、压力表和测氧仪。本章将重点介绍它们的功能和使用。

## 5.1　安全阀

### 5.1.1　安全阀的功能

安全阀属于一种自动阀门,它不需借助任何外力,而是利用气体本身的压力来排出一定数量的气体,以防止压力超过预定的安全值。当压力恢复正常后,阀门关闭并阻止气体继续流出。因此说,安全阀的主要作用是,当单个压力容器或系统中气体的工作压力因某种原因超过了原规定的压力允许值后,它能通过自身的动作及时打开,把超出压力的气体排放出来,以达到安全泄压的目的。

### 5.1.2　安全阀的种类

安全阀按加载机构可分为重锤式和弹簧式两种。氧舱上装设的安全阀均为弹簧式安全阀。弹簧式安全阀利用弹簧压缩来平衡气体作用在阀瓣上的力。当安全阀弹簧的弹力大于气体压力时,阀瓣便被紧紧地压在阀座上,安全阀处关闭状态。反之,当气体的压力大于弹簧压力时,阀瓣被顶起,安全阀处于开启状态,超压的气体随即排出。因此,对于不同规格型号的安全阀,其弹簧的弹力大小不同,所配置的弹簧压力等级也不同。弹簧式安全阀的特点是结构紧凑、调整灵活和对振动不敏感。缺点是弹簧的压缩力随着阀瓣的提升而增加,不利于迅速泄压。

安全阀按开启高度的不同,可分为微启式和全启式两种。

(1)微启式:微启式安全阀开启程度较小,一般的开启高度 $h = (1/40 \sim 1/20)d$( $d$ 为流道最小直径)。

(2)全启式:全启式安全阀是利用气体的膨胀冲力使安全阀开启时,阀瓣的最大开启高度 $h \geqslant d/4$。对于同样的排气量,全启式较微启式的体积小得多。微启式和全启式的区别在于:阀座、阀瓣处的结构形式不同,从而导致气体流动方向不同,作用在弹簧上的作用力也不同,最终导致阀瓣的开启程度不同。

弹簧直接载荷式安全阀是一种使用最为广泛的安全阀。这种安全阀由阀体、阀座、阀芯、阀盖、阀杆、弹簧、调节螺钉、销子及阀帽等多部件组成。

弹簧直接载荷式安全阀具有结构紧凑、体积小、重量轻、灵敏度高、调整方便,并允许在阀芯上加较大的载荷等特点。同时弹簧直接载荷式安全阀,还配有提升手柄和防止随便拧动调整螺丝的装置。

## 5.1.3 安全阀的安装

（1）安全阀应垂直于地面安装,并尽可能在设备的最高位置。

（2）氧舱与安全阀之间的连接管和管件的通孔,其截面面积均不得小于安全阀的进口截面面积。

（3）安全阀与舱体及配套压力容器之间,不宜装设截止阀门。

（4）若在一个连接口上装设两个安全阀时,该连接口的截面面积至少应等于这些安全阀进口截面面积之和。

（5）安全阀的装设位置应便于检查和维修。

## 5.1.4 安全阀的使用

### 5.1.4.1 选用原则

（1）氧舱及氧舱配套的压力容器应按《弹簧直接载荷式安全阀》(GB/T 12243)的要求选用。

（2）应选用有安全阀制造许可资格的制造单位生产的合格产品。

（3）应根据氧舱或配套压力容器的设计压力和温度确定安全阀的压力等级。

（4）根据计算确定安全阀的公称直径,且必须使安全阀的排放能力大于或等于氧舱舱体或配套压力容器的安全泄放量。

（5）为防止随意调整压力,安全阀必须设有铅封装置。

（6）氧舱舱体上的安全阀,应选择带有扳手的弹簧直接载荷式安全阀,且需满足当气体压力达到开启压力的 75% 时,能用扳手将阀瓣提升 1 mm 以上。

（7）购买的安全阀必须带有合格证和产品质量证明书,并应在产品上装设牢固的金属铭牌。

### 5.1.4.2 开启压力

（1）氧舱上设置的安全阀的开启压力,即整定压力应为氧舱最高工作压力 + 0.02 MPa。也可按《压力容器》(GB/T 150)的要求,安全阀的开启压力小于或等于 1.05～1.1 倍的最高工作压力,或按《固定式压力容器安全技术监察规程》(TSG 21)规定的安全阀的开启压力小于或等于容器的设计压力。

（2）氧舱配套压力容器的安全阀开启压力的确定应符合《固定式压力容器安全技术监察规程》(TSG 21)的要求,即当压力容器上只安装一个安全阀时,安全阀的开启压力应不大于压力容器的设计压力。

当压力容器上安装多个安全阀时,其中一只安全阀的开启压力应不大于压力容器的设计压力,其余安全阀的开启压力可适当提高,但不得超过设计压力的 1.05 倍。

### 5.1.4.3 整定压力偏差及启闭压差

（1）氧舱舱室安全阀的整定压力偏差为 ±0.014 MPa。

（2）氧舱舱室安全阀的启闭压差则根据舱室最高工作压力的不同,分别为:当最高工作压力 ≤0.2 MPa 时,安全阀的启闭压差 ≤0.03 MPa;当最高工作压力 >0.2 MPa 时,安全阀的启闭压差≤15%整定压力。

#### 5.1.4.4　安装数量及结构形式

(1)氧舱的每个治疗舱室至少应设置 2 只带扳手的弹簧直接载荷式安全阀。

(2)对于不作治疗用的过渡舱,至少应设置 1 只带扳手的弹簧式安全阀。

(3)配套的压力容器应按《固定式压力容器安全技术监察规程》(TSG 21)的有关要求配置安全阀。

### 5.1.5　安全阀的校验

安全阀实行定期校验制度,定期检验的内容按《安全阀安全技术监察规程》(TSG ZF001)的规定进行,对于氧舱及配套压力容器上的安全阀,每年应至少校验 1 次。

安全阀有下列情况之一的,应停止使用并更换:

(1)安全阀的阀芯和阀座密封不严且无法修复。

(2)安全阀的阀芯与阀座粘死或弹簧严重腐蚀、生锈。

(3)安全阀选型错误。

# 5.2　压力表

### 5.2.1　弹簧管压力表

压力表是氧舱主要的安全附件之一,它的作用是准确地测量氧舱上所需测量部位压力的大小。氧舱上通常使用的是弹性压力表,其弹性元件是弹簧管,因此也被称为弹簧管压力表。这种压力表结构坚固,不易泄漏,准确度较高,测量范围较宽,安装使用方便,价格较低。

#### 5.2.1.1　压力表的工作原理

弹簧管压力表主要由弹簧管、齿轮传动机构、示数装置(指针和分度盘)以及外壳等几部分组成。压力表内的弹簧管是一根被弯成圆弧形的横截面为椭圆形或平椭圆形的空心管子,弹簧管的一端焊在仪表的壳体上,并与管接头相通,气体由此进入弹簧管内腔,另一端是封闭的自由端。在气体压力的作用下,弹簧管的断面极力倾向变为圆形,迫使弹簧管的自由端产生移动,这个移动通过一套传动机构带动指针相对于分度盘旋转,指针旋转角度的大小正比于弹簧管自由端的位移量,亦正比于所测压力的大小,由此可指示出气体的压力值。带有扇形齿轮传动机构的单弹簧管压力表的示意图如图 5-1 所示。

弹簧管压力表有普通弹簧管压力表和精密弹簧管压力表之分。精密弹簧管压力表结构和普通弹簧管压力表类同,但是在准确度、灵敏度上比普通弹簧管高得多。

#### 5.2.1.2　压力表的准确度

压力表的准确度(通常称为精度)是指在正常使用条件下,压力表测量结果的可靠程度。

氧舱所用的压力表精度等级主要有 0.4 级和 1.6 级两个级别。多人氧舱指示舱内压力的两只压力表中至少有一只应为 0.4 级,另一只应不低于 1.6 级;而其他压力表,包括

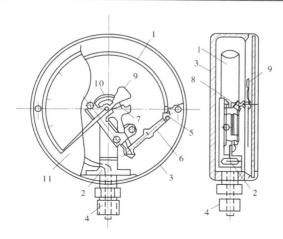

1—弹簧弯管;2—支座;3—表壳;4—接头;5—带绞轴的塞子;
6—拉杆;7—扇形齿轮;8—小齿轮;9—指针;10—油丝;11—刻度盘。

图 5-1　单弹簧管压力表

控制台上和配套压力容器上装设的压力表,其精度等级均不应低于 1.6 级。

### 5.2.1.3　压力表的使用

(1)压力表的选用应符合《一般压力表》(GB/T 1226)和《精密压力表》(GB/T 1227)的要求。

(2)选用的压力表,必须与压力容器内部的气体相适应。

(3)选用的压力表表盘刻度极限值(压力表的量程),测量舱内压力的压力容器应为容器最高工作压力的 2 倍左右,其他压力容器可选 1.5～3.0 倍。压力表的表盘直径应不小于 100 mm。

(4)多人氧舱每个舱室应配置 2 只指示舱内压力的压力表,且量程应一致,精度分别为 0.4 级和 1.6 级。

(5)控制台上应配置供氧压力表和氧源压力表。

(6)对于空气加压氧舱,控制台上还应配置气源压力表。

(7)对设有递物筒的氧舱,递物筒上必须配置压力表。

(8)配套压力容器应按《固定式压力容器安全技术监察规程》的有关要求,配置压力表。

(9)氧舱配套的压缩机上应配置压力表。

(10)氧气汇流排及氧气减压器上应装有压力表。

(11)对于氧气加压舱,指示舱内压力的压力表,应选用氧气专用表,表盘应有"禁油"标记。

### 5.2.1.4　压力表的安装

(1)装设位置应便于操作人员观察和清洗,且应避免受到辐射热、冻结或振动等不利因素影响。

(2)压力表与压力容器之间,应装设三通旋塞或针型阀;三通旋塞或针型阀上应有开启标记和锁紧装置;压力表与压力容器之间,不得连接其他用途的任何配件或接管。

#### 5.2.1.5　压力表的更换

压力表有下列情况之一时,应停止使用并更换:

(1)无压力时,指针不回零。

(2)表盘玻璃破裂或刻度不清。

(3)压力表指针松动。

(4)压力表指针断裂。

(5)封印损坏或超过校验有效期限。

(6)其他影响压力表准确指示的缺陷。

### 5.2.2　数字压力表

数字压力表是采用数字直接显示被测压力值的仪表,即由一次仪表压力传感器和二次仪表数字显示仪组成的新型测压仪表。

由于弹簧管压力表、水银柱压力计和水柱压力计都不适用于自动数据采集系统,因此在20世纪60年代,压力传感器应运而生。但是,压力传感器只能传输信号,不能直接显示压力值,因而产生了利用压力传感器作为压力转换元件、采用数字直接显示被测压力值的数字压力表。

#### 5.2.2.1　工作原理

被测压力通过传压介质施加于压力传感器上,随着压力的变化,压力传感器输出相应的电信号,该电信号经过信号处理,最后在显示器上显示出被测压力值。其工作原理如图5-2所示。

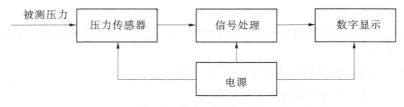

图5-2　数字压力表工作原理

#### 5.2.2.2　结构组成

数字压力表主要由压力传感器、电源、放大器和数字电路4部分组成。其结构有以下两种类型:

(1)整体型。压力传感器与数字显示仪制成一个整体。

(2)分离型。压力传感器与数字显示仪分成两部分,用专配电缆连接起来。

#### 5.2.2.3　数字压力表的性能特点

(1)测量速度快。

测量速度取决于将模拟量转变成数字量的模拟转换器,测速可由每秒数次至数万次。

(2)无读数视差。

以数码形式显示测量结果,无须做各项修正。

(3)精度等级高。

常用的精度等级有 0.05 级、0.1 级和 0.2 级。

（4）测量参数范围广。

除通用的外,还有可以测量大气压力、高度、空速及马赫数等参数的专用型仪表。

（5）有温度补偿功能。

采用微处理机后,为传感器的温度修正提供了方便,可以实现宽温度范围内的高精度测量。使用环境温度通常为 0~40 ℃。

# 5.3　测氧仪

对于测氧仪的配置问题,在《医用氧舱安全管理规定》以及《氧舱》( GB/T 12130—2020) 中都有明确规定:氧舱中的每个治疗室应在控制台上配置不少于 1 台带有记录仪且示值误差不大于±3%的测氧仪,同时还规定了若采用的测氧仪为电化学式测氧仪,其氧传感器寿命不应低于 1 年,当舱内氧的体积分数越限时,测氧仪应同时发出声、光两种信号报警,报警误差不超出±1%。另外,为使测氧仪在空气加压氧舱的使用过程中能够真实、准确地反映出氧舱内氧的体积分数变化情况,选用的测氧仪测量范围应为 0~30%,对于氧气加压舱,由于加压介质为纯氧气体,所以应配置量程为 0~100%的测氧仪。

## 5.3.1　测氧仪的种类

目前我国氧舱上所配置的测氧仪有热磁式测氧仪和电化学式测氧仪。

### 5.3.1.1　热磁式测氧仪

热磁式测氧仪的测量原理是根据氧气具有高顺磁性这一特点而设计的,氧气的磁化率比其他气体( NO 除外)高几十至数百倍,所以混合气体磁化率几乎完全取决于所含氧气量的多少,因此根据混合气体磁化率的测定,就可以分析出其中的氧含量。这种测氧仪具有使用寿命长的特点,但该测氧仪启动预热时间较长,使用时必须保证不间断通电,且造价高,因此目前在氧舱上使用较少。

### 5.3.1.2　电化学式测氧仪

电化学式测氧仪由电化学传感器和带有温度补偿的电子显示单元两部分组成。电化学式测氧仪按其传感器(俗称电极)种类和性能不同分为液态电极式测氧仪和固态电极式测氧仪两种。由于固态电极式测氧仪因其传感器的寿命较液态电极长 1 年左右,因此目前国内很多氧舱应用的测氧仪是固态电极式测氧仪。但是,液态电极式测氧仪具有多量程转换的优点,而固态电极式测氧仪无此功能。如果用量程为 0~30%的固态电化学式测氧仪去测量纯氧气体,则其氧电极的寿命就会大大缩短。

## 5.3.2　测氧仪的使用

下面以 ML-1 型数字智能测氧仪说明测氧仪的使用。

### 5.3.2.1　技术性能

测氧仪采用高稳定、长寿命的新型电化学传感器为敏感元件,以单片机为数据处理部件,具有语言提示功能及一定程度的智能化。为满足氧气加压舱和空气加压氧舱对氧的体积分数测量范围不同的需要,ML-1 型智能测氧仪的量程为 0~30%,ML-2 型智能测氧仪的量程为 0~100%。测氧仪具有性能稳定可靠、全汉化智能操作、LCM 大屏幕显示、传感器电压自动监测、手动自动超静音热敏打印机、精度高和外形美观等优点。其主要技术性能指标为:传感器寿命大于 2 年(空气中)。

### 5.3.2.2　操作使用

操作人员应按照下述操作步骤,正确使用:

(1)检查测氧仪与氧舱间各管口接管的连接是否正确、可靠。

(2)检查测氧仪上的打印机是否缺纸,注意打印纸的打印面应朝上。

(3)打开测氧仪前面板的电源开关,测氧仪开始进行预热倒计时。

(4)调整控制台测氧流量计的流量,将气体通过流量计流入仪器气室进气口的流量维持在(200~300)mL/min 左右(流量过大或过小都会影响测量精度)。

(5)打开测氧仪(已调整好打点间隔),使其开始工作。

(6)操舱结束后,关闭测氧仪前面板的电源开关。

### 5.3.2.3　维护保养

(1)请使用柔软的干布清洁仪器面板,切勿使用腐蚀性的液体来清洁。

(2)若需要更换保险丝,请按规定的容量和规格更换,不应随意加大或缩小,更不能用铜丝来替代。

(3)仪器的一般性检查常采用向气室吹气的方法,观察仪器示值。此时若示值变低(一般低于 18%),随后逐渐恢复至 20.90% 左右,则可认为仪器正常。

(4)传感器失效判断的主要指标是测量精度和传感器输出电压。当氧传感器测量精度低于 ±1.5% F. S 时,即可判该传感器失效。另一个简单的办法是测量测氧仪传感器的输出电压,正常传感器输出电压为 1 V 左右,如输出电压小于 0.75 V,也可判该传感器失效。传感器一旦失效应及时更换,由于新传感器在更换前,长期处于开路状态,因此新传感器装入测氧仪后,需稳定 10 min,再做空气定标。

### 5.3.2.4　影响传感器测量精度和寿命的因素

目前,医疗及气体行业所采用的氧传感器多数为固态电化学传感器。传感器作为测氧仪重要的部件,正确使用与否将直接影响测氧仪的测量精度和传感器的使用寿命。影响固态电化学传感器精度和寿命的主要因素有:温度、湿度、压力和氧的体积分数。

(1)湿度影响:随着空气中相对湿度的增加,空气中的氧的体积分数(一般情况是 20.9%)随水蒸气的增加而降低。另外,氧气传感器内部有一些很小的毛细管,这使得传感器可以在低湿或高湿的环境下使用。但是如长时间在低湿或高湿等非正常工作范围内使用,可使传感器内部的电解液通过毛细管蒸发或吸收水分,从而影响传感器的测量精度和使用寿命。

(2)温度影响:温度的变化会对传感器内部透氧膜的透氧率产生影响,从而影响扩散电流的输出。通常测氧仪采用温度传感器及软件对其进行了补偿。

(3)压力影响:环境压力波动会同步地引起传感器性能波动,尤其是测量范围 100% 的氧分压型传感器。

(4)氧的体积分数影响:传感器的寿命与氧的体积分数和使用时间有关,对测量范围为 0~30% 的传感器,厂家给出其寿命为空气中两年。因此,在氧传感器寿命期限内,不管测氧仪工作与否,其所配套的传感器寿命每天都在衰减,而且工作环境中氧的体积分数越高,传感器寿命越短。

#### 5.3.2.5　注意事项

(1)测氧仪操作使用不当,如把氧舱采样管道中的残余气体作为定标用空气,则有可能致严重的氧舱事故。

(2)严禁通入超量程高浓度氧,否则会损坏仪器和传感器。

# 第6章　氧舱空气加减压系统

空气加减压系统是空气加压氧舱的一个重要组成部分。由于空气既是舱室的加压介质,又是舱内人员的呼吸介质,因此对系统的供气量、储气量、供排气速率、供气洁净度都有一定的要求。本章将依次介绍空气压缩机、气液分离器、储气罐、空气过滤器、阀门、管道和通风换气等内容。

## 6.1　系统组成与工作原理

### 6.1.1　系统基本组成

氧舱的空气加减压系统主要包括:空气压缩机、气液分离器、储气罐、过滤器、消声器、管路、安全阀、压力表和进气、排气阀门等。一般一台空压机配两组储气罐的空气加减压系统。

### 6.1.2　系统工作原理

#### 6.1.2.1　氧舱加压系统

以图6-1为例介绍氧舱空气加压系统的工作原理。空气压缩机将新鲜的空气压缩

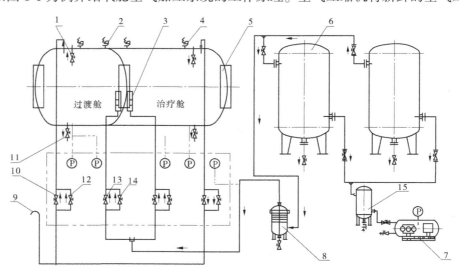

1,11—舱内、外应急卸压阀;2,4—安全阀;3—消声器;5—舱门;6—储气罐;7—空压机;
8—空气过滤器;9—排废气口;10,13—电动排、进气阀;12,14—手动排、进气阀;15—气液分离器。

**图6-1　多人氧舱的供、排气管路系统图**

后,以一定的压力和排气量送入气液分离器 15,使气体中的液态悬浮物及杂质从气体中分离出来。然后经过分离后的压缩空气,经管道流入储气罐 6。在罐中气体起到了稳压的作用,同时,气体在自然冷却的过程中进一步除尘、除水。之后,压缩气体从储气罐排出,进入空气过滤器 8,得到了进一步的净化,使空气质量达到呼吸气体标准要求。最后洁净的压缩空气经控制台上的进气控制阀门 13、14,进入舱内消声器 3 到舱内,以达到舱室升压的目的。

#### 6.1.2.2　氧舱减压系统

氧舱减压系统相对于加压系统较为简单,以图 6-1 为例,通过调节氧舱控制台上的空气排气阀门 10、12,达到控制舱内气体从排气管路流出舱外的目的,从而使舱室减压。

在氧舱加减压系统的整个操作过程中,通过氧舱控制台上的进气、排气阀门来调节压缩空气进出舱室流量的大小,保证舱室的加减压速率符合氧舱标准中规定的要求。舱内的压力通过控制台上的压力表显示具体数值。

# 6.2　空气压缩机

空气压缩机简称空压机,是氧舱供气系统压缩空气气源的动力设备,其主要作用是提高空气压力和输送空气,为氧舱内高气压环境的建立提供气源保障。

## 6.2.1　空压机的分类

空压机按工作原理可分为速度式和容积式两大类。

速度式是依靠气体在高速旋转叶轮的作用下提高速度而得到较大的动能,随后在扩压装置中急剧降速,使气体的动能转变成势能,从而提高气体压力。容积式是通过直接压缩气体使气体容积缩小而达到提高气体压力的目的。

空压机还可以根据排气压力、排气量的不同进行分类。

#### 6.2.1.1　按排气压力高低分类

(1)低压空压机:0.2 MPa<排气压力≤1.0 MPa。
(2)中压空压机:1.0 MPa<排气压力≤10 MPa。
(3)高压空压机:10 MPa<排气压力≤100 MPa。

#### 6.2.1.2　按排气量大小分类

空压机的排气量是指标准状态下的气体流量。
(1)微型空压机:排气量≤1 m³/min。
(2)小型空压机:1 m³/min<排气量≤10 m³/min。
(3)中型空压机:10 m³/min<排气量≤100 m³/min。
(4)大型空压机:排气量 >100 m³/min。

## 6.2.2　空压机的工作原理

#### 6.2.2.1　活塞式空压机的工作原理

活塞式空压机系统由驱动机、曲轴、连杆、十字头、活塞杆、汽缸、活塞环、填料、气阀、冷却器和油水分离器等组成。驱动机驱动曲轴旋转,通过连杆、十字头和活塞杆带动活塞进行往复运动,对气体进行压缩,出口气体离开压缩机,如有级间冷却器则先进入冷却器后,再进入油水分离器进行分离和缓冲,然后再依次进入系统或下一级进行多级压缩。工作过程可分为膨胀、吸入、压缩和排出 4 个阶段。汽缸的顶部装有吸气阀和排气阀,活塞每往复运动一次,吸、排气阀各进行一次吸、排气动作。容积进一步缩小,使缸内气体压力不断升高。

### 6.2.2.2　螺杆式空压机的工作原理

螺杆式空压机是回转运动的容积式压缩机。这类压缩机具有输气平稳、脉动小、高效节能、噪声低、易损件少、可靠性好、体积小、重量轻、维护方便、寿命长等优点。这类压缩机已被广泛应用于矿山、化工、医药、食品、冶金、建筑、机械等行业。

螺杆式空压机根据其结构形式的不同可分为双螺杆和单螺杆两类。单螺杆空压机也称为蜗杆式空压机。

螺杆式空压机的工作循环可分为吸气过程(包括吸气和封闭过程)、压缩过程和排气过程。随着转子旋转,每对相互啮合的齿相继完成相同的工作循环。

(1)压缩过程。

随着转子的旋转,齿间容积由于转子齿的啮合而不断减少,被密封在齿间容积中的气体所占据的体积也随之减少,导致气体压力升高,从而实现气体的压缩过程。压缩过程可一直持续到齿间容积即将与排气口连通之前。

(2)排气过程。

齿间容积与排气口连通后即开始排气过程,随着齿间容积的不断缩小,具有内压缩终了压力的气体逐渐通过排气口被排出,这一过程一直持续到齿末端的型线完全啮合,此时齿间容积内的气体通过排气口被完全排出,封闭的齿间容积的体积将变为零。

从上述工作原理可以看出,螺杆式空压机是通过一对转子在机壳内作回转运动来改变工作容积,使气体体积缩小、密度增加,从而提高气体的压力。

### 6.2.2.3　氧舱用空压机的选用

氧舱配套用空压机的技术参数的选择,主要是根据氧舱容积、最高工作压力及氧舱所需气量的大小来确定。一般宜选择排气量在$(1 \sim 6) \, m^3/min$,排气压力在$(1.0 \sim 2.5) \, MPa$之间的水冷或风冷固定式空压机。

氧舱配套用空压机选用的基本准则是经济性、可靠性与安全性。供气压力的选择,主要是依据氧舱配套的储气罐的工作压力来确定,应与储气罐工作压力相匹配,过高或过低的工作压力都是不可取的。排气量的大小也是空压机的主要参数之一,选择空压机的排气量应满足国家标准 GB/T 12130 的要求。在选择冷却方式时,如果使用场合没有自来水,就必须选择风冷式。由于氧舱使用的压缩空气对质量有较高的要求,通常的做法是空压机需加一级或二级净化装置或干燥器。这种装置可使压缩机空气既不含油又不含水,使压缩空气的质量能够满足载人环境下所需的质量要求。

氧舱压力调节系统气源供应源出口处和气体终端组件处,应分别测定压力介质质量。按照《氧舱安全技术监察规程》(TSG 24—2015),压力调节系统的压力介质质量指标相关要求为:碳氢化合物$\leqslant 0.1 \, mg/(N \cdot m^3)$;水$\leqslant 575 \, mg/(N \cdot m^3)$;颗粒物 2 级;无气味应当满足《压缩空气 第 1 部分:污染物净化等级》(GB/T 13277.1)。

# 6.3　配套压力容器

按照氧舱供气系统的气体流程,氧舱的配套压力容器主要包括以下几种。

## 6.3.1　气液分离器

气液分离器的作用是对从空气压缩机出来的压缩空气进行气液的净化分离处理。当空气进入压缩机并通过气缸的运动被压缩后,气体的温度会随即升高,这时对于有油润滑的压缩机来说,气缸内润滑油的温度也会升高,从而使气缸内的部分润滑油汽化,形成油蒸气随压缩空气一起被排出。随着压缩空气温度的逐渐下降,压缩空气中的饱和水蒸气和油蒸气会逐渐被冷却凝聚,最后形成微小液滴,存在于压缩空气中。当这些带有微小水(油)蒸气液滴的压缩空气,经过气液分离器时,压缩空气中的油滴、水滴及尘埃,就会沉积在气液分离器的下部,经过分离的压缩空气从分离器的出口排出,而达到气液分离的作用。

与氧舱配套的气液分离器是一圆柱体压力容器。由于气液分离器的直径较小,故在制作分离器的壳体时,一般不采用钢板卷制的方法,而多数是直接利用压力容器无缝钢管,壳体两端上焊有椭圆形封头,壳体和封头上只开有压缩空气的进、出气管口和排污管口,而不留有安全阀和压力表管口(气液分离器的压力一般由系统来控制)等管孔。气液分离器的排污阀应开启灵活,并应根据使用情况及时进行排污。

## 6.3.2　空气储气罐

空气储气罐是供气系统中用于储存压缩空气,为氧舱提供连续、稳定气源的压力容器。为保证压缩空气的质量,压缩空气应在储气罐内静置 6~8 h,使气体温度降低和残留在压缩空气中的杂质进一步沉淀后,再输入舱内,严禁将压缩机出来的压缩空气直接输入进舱。在氧舱中,空气储气罐有立式、卧式及球形储罐几种,但目前医院中使用最多的是立式空气储气罐。这种空气储气罐的主要优点是:占地面积小,又有利于压缩空气中的残余油水和杂质的凝聚沉淀和集中,便于排出。空气储气罐示意图见图 6-2。

空气储气罐的设计、制造、安装及检验等,均应符合《固定式压力容器安全技术监察规程》(TSG 21—2016)和《压力容器》(GB/T 150)等标准、规范的有关规定要求。在设计过程中,储气罐与系统中其他几台压力容器有明显区别,主要表现在储气罐自身壳体上

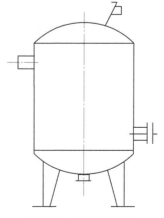

**图 6-2　空气储气罐**

除开有进、出气管口和排污管口外,还有安装压力表、安全阀的接管和用于检验的人孔或手孔。

在制造过程中,还应考虑到储气罐内壁涂料和人孔及接管密封垫的材料问题。《医用氧舱安全管理规定》中对压缩空气储气罐的内壁防锈涂料的要求是,必须选用无毒型涂料,人孔及接管密封垫不得采用石棉制品,以保证压缩空气的质量。在制造过程中,还应考虑到储气罐内壁涂料和人孔及接管密封垫的材料问题。

此外,氧舱标准对氧舱配套的储气罐容积大小也有明确要求:多人氧舱应设置两组储气罐。每组储气罐的容积均应满足所有氧舱舱室加压一次和过渡舱再加压一次的供气容量要求。对单人空气加压氧舱可配置一组储气罐,其容积应满足舱室最高工作压力加压4次的供气容量要求。因此,储气罐配备的数量、压力的高低及容积的大小,主要按所供给的空气加压氧舱的容积、工作压力以及空气压缩机的相关参数来确定。

### 6.3.3　空气过滤器

空气过滤器(也称空气净化器)是安装在储气罐与舱体之间的一台压力容器,是压缩空气在进舱前经过的最后的压力容器。在空气过滤器的壳体内一般装有工业活性炭、木炭、脱脂棉花、无纺布、分子筛等多种不同的填料。压缩空气自底部进入净化器,经过净化器内部填料后,混杂在压缩空气中的少量杂质被填料过滤吸附,洁净的空气从过滤器顶部排出,经管道进入舱内。由于空气过滤器内的滤材,要定期进行更换,因此在过滤器的设计和制造中,要充分考虑到过滤器的结构应便于滤材的更换(一般采用法兰加螺栓的结构)和排污。过滤器示意图如图 6-3 所示。

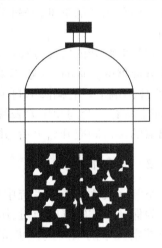

图 6-3　过滤器示意

### 6.3.4　空气冷却器

在氧舱仅设置一组储气罐的条件下,为了满足空气加压氧舱标准中对气液分离器入口端的压缩空气温度不超过 37 ℃的要求,通常在空压机和气液分离器之间增设一只空气冷却器,其作用是进一步冷却压缩空气,提高气液分离器的分离效果。

# 6.4　阀　门

### 6.4.1　阀门的分类

阀门在管路中起着截断介质,防止介质倒流,调节介质压力、流量和溢流卸压等重要作用。阀门的种类很多,分类的方法也有多种。如按压力等级分为低压阀门、中压阀门、高压阀门;按构成阀门的材质可分为铸铁(铸钢)阀门、铜阀门、不锈钢阀门等;按驱动方式分为手动阀门、电动阀门、气动阀门、液压阀门等;按连接形式分为螺纹连接阀门、法兰连接阀门、焊接阀门等。但在日常的使用中,人们还是习惯按阀门的用途和结构将其分为截止阀、单向阀、止回阀、节流阀、球阀、针阀、安全阀、减压阀、调节阀等。

## 6.4.2　氧舱中常用的阀门

### 6.4.2.1　截止阀

截止阀是一种向下闭合式阀门,在管道中主要用于接通或截断介质。它主要由阀体、阀盖、阀杆、阀瓣和手轮等元件组成。截止阀在开启或关闭时,阀瓣沿阀座中心线上下移动,介质由阀座下进入,经阀瓣后流出,这种现象通常被称为"低进高出"。因此,在阀体上必须标有介质流动方向的箭头,使用时要注意箭头方向应与介质流动方向相同,不能装反。截止阀的特点是:调节性能好,结构简单,制造和维修方便且价格便宜,由于在阀门启闭过程中,阀瓣与阀座不相对滑动,因而密封面磨损较轻,使用寿命较长。缺点是:密封性能较差,流体阻力也较大。

### 6.4.2.2　减压阀

减压阀由膜片、弹簧、活塞等灵敏元件组成,是一种压力调节阀。介质通过减压阀阀盘的节流,将进口压力减至某一需要的出口压力,并能自动保持稳定在一定范围内。虽然截止阀、节流阀都能通过控制阀门的开启程度,达到降低出口压力的作用,但没有稳压功能。减压阀的进口压力和阀出口流量对出口压力的影响很小,即减压阀具有很好的压力特性和流量特性。减压阀有方向性,安装时应注意不要把方向装反。为便于减压阀的调整工作,阀的前后一般都装有高压和低压压力表。

### 6.4.2.3　节流阀

节流阀的结构与截止阀相似。它的主要作用是通过改变阀门内通道的截面面积,达到调节流量和压力或截止的目的。节流阀的阀杆和阀芯制成一体,阀杆螺距较小,阀芯又呈锥形,因此可通过调节启闭件的高度,较好地调整阀座通道面积,以达到规定要求的流量,节流阀又称为针阀。

### 6.4.2.4　止回阀

止回阀又叫单向阀,这是一种阻止管道中介质倒流的自动阀门。有许多管道式、喷嘴式、隔膜式,升降式止回阀的阀瓣靠介质压力向上顶起,介质即可通过,反之介质压力使阀瓣与阀座密合,介质不能通过。换句话说,止回阀是靠阀前或阀后的压力差,来达到自动闭合,进而实现控制管道中介质的流动方向。

### 6.4.2.5　球阀

球阀的启闭是靠一个有通道的球体,在阀体中围绕着自己的轴心线做90°旋转而实现的。球阀由阀体、阀盖、密封阀座、球体和阀杆等部件组成。它具有启闭迅速灵活、流动阻力小、密封性好、介质流向不限的特点。

### 6.4.2.6　调节阀

调节阀利用阀门开度大小来调节气体流量的大小。氧舱用调节阀有手动、气动和电动3种形式。调节阀与节流阀相比,具有更好的流量调节特性,而且灵敏度高,操作轻便。氧舱加、减压控制基本上都采用调节阀。

### 6.4.2.7　电磁阀

电磁阀属于截止阀类。电磁阀的品种很多,但其基本结构均由电磁线圈和阀门两部分组成。它的工作原理是利用电磁的吸力作用将阀门开启,失电时电磁作用消失,阀门即关闭。这类电磁阀称为常闭电磁阀。还有一类常开电磁阀是失电时阀门开启,得电时阀门关闭。

# 6.5　应急排气装置

应急排气装置,顾名思义就是当氧舱发生紧急情况时,通过开启此装置,能够快速使氧舱内的气体排出,降低舱内压力,达到尽快打开舱门的目的。所以,氧舱上所配备的应急排气阀,均应为机械式快速开启的球型阀门,而不能采用渐开式阀门。

## 6.5.1　性能与要求

### 6.5.1.1　舱外应急排气装置

氧气加压舱和空气加压氧舱都必须设置舱外应急排气装置。

目前大多数氧气加压舱舱外的应急排气装置,都设置在氧舱尾部,直接与舱体下部的短管连接。应急排气阀后面,有的再接一截短管,有的则不接,从应急排气装置排出的气体直接进入室内。

对于空气加压氧舱来说,舱外应急排气装置一般都是安置在由舱体引出的管路上,并将应急排气装置设置在控制台上或控制台附近,以便于操舱人员进行操作控制,排出的气体则通过管路直接排出室外。

### 6.5.1.2　舱内应急排气装置

由于条件限制,单人氧舱舱内不设置应急排气装置。空气加压氧舱应设置应急排气装置,舱内应急排气阀的手柄应安放在舱内易操作的位置,由舱内人员控制操作。

## 6.5.2　使用与管理

氧舱上的应急排气装置是氧舱的一种安全装置,如果对其使用管理不善,出现误操作,可能会因舱内压力迅速降低导致舱内患者得减压病。因此,必须加强对氧舱应急排气装置的管理,规范使用。

应急排气阀门的排放能力应符合氧舱标准规定的快速卸压的时间要求。氧气加压舱所配置的应急排气阀,应选用铜制球阀或不锈钢制球阀。

为保证应急排气装置的使用安全,应做到以下几点:

(1)无论是舱内还是舱外设置的应急排气装置,都必须将应急排气阀的手柄放置在易于操作的位置,并配以红色醒目标记。

(2)应急排气装置应有必要的保护措施,避免误操作的可能情况发生。

(3)在舱内应急排气装置的进气口处,必须加以妥善保护。进气口不能直接裸露在舱内,以防止舱内杂物被吸入管内,堵塞阀门,影响排气装置的功能。

(4)为了保证应急排气的畅通,多数氧气加压舱的应急排气阀后面不再接排气管路,而是将舱内的气体直接排放在室内。对于这种情况应注意排放后舱室氧的体积分数的变化,特别是要注意舱室的通风换气。

# 6.6　管道及其附件

## 6.6.1　管道的基本知识

### 6.6.1.1　**管道术语**

（1）压力管道。是指利用一定的压力,用于输送气体或者液体的管状设备,其范围规定为最高工作压力大于或等于 0.1 MPa（表压）的气体、液化气体、蒸汽介质或者可燃、易爆、有毒、有腐蚀性、最高工作温度高于或等于标准沸点的液体介质,且公称直径大于 25 mm 的管道。

（2）管道。由管道组成件和管道支撑件组成,具有输送介质、调节介质参数等功能。

（3）管道组成件。用于连接或装配管道的元件,包括:金属管、软管、弯头、三通、四通、阀门、法兰、垫片、紧固件以及膨胀接头、挠性接头、过滤器等。

（4）管道支承件。管道安装件和附着件的总称。

（5）工作压力。管件和阀门等管道元件在正常运转条件下所承受的压力。

（6）压力试验。以液体或气体为介质,对管道及其附件逐步加压以达到某一规定的压力,从而检验管道强度和密封性能的试验。

（7）工作温度。管道及其附件在正常操作条件下的温度。

### 6.6.1.2　**管道用材**

医用氧舱常用的管材种类有以下几种。

#### 1. 无缝钢管

无缝钢管是一般无缝钢管的简称,是指用普通碳素钢、优质碳素钢及合金钢制造而成的管子。无缝钢管按其制造方法分为热轧管和冷拔管两种。无缝钢管的优点是品种规格多、强度高、耐压高、韧性强、管段长、容易加工焊接,是管道工程中最常用的一种材料,常用于压缩空气管道。其缺点是容易锈蚀,使用寿命不长。

#### 2. 铜管

按照含合金元素的不同,铜管一般可分为纯铜管和黄铜管两种。目前医用氧舱使用的供、排氧管子,大多数是纯铜管。

纯铜呈紫红色,又称为紫铜,有良好的导电性、导热性、冷热态压力加工性、焊接和钎焊性。在室温和大气环境下,有较好的抗腐蚀性。紫铜管具有良好的可塑性,便于现场敷设成型,弯头一般是根据现场的安装需要按样杆弯制而成。紫铜根据其自身 Cu+Ag 的含量不同,制作出不同牌号的管材,常用的主要牌号有 T2、T3。

黄铜是以锌为主要合金元素的铜合金。铜锌合金称为普通黄铜,它比纯铜（紫铜）的强度高,有较好的耐腐蚀性和浇铸性,但塑性稍低,且随着含锌量的增加,这种现象就愈明显。黄铜管一般由 H62、H68 等牌号的黄铜制成。黄铜耐腐蚀性差,且氧化物有毒,所以不应用于与呼吸系统有关的管道。

3. 软管

这里所说的软管,一般常指的是氧气软管和加强尼龙管。《氧舱》( GB/T 12130—2020) 中规定:供排氧管路的材料也可采用无毒抗氧化的软管,这种软管材料宜选用尼龙、聚四氟乙烯、聚乙烯、聚氯乙烯、聚氨酯或橡胶。

4. 密封件

垫片在法兰连接中起着重要的密封作用,由于它与管道中的介质直接接触,所以密封件材料的选择,必须考虑到管道中压力、温度及介质对其的影响。在氧舱系统中,无论是氧舱舱体、配套压力容器,还是氧舱系统中起连接作用的管路都应根据管路中流动的介质选择某种型式、规格和材料的垫片以确保密封面的密封效果。对氧舱常用垫片材料的选择原则是:①供、排氧管路的密封元件必须采用铜质或聚四氟乙烯等难燃材料,不得采用铝、尼龙等不耐燃材料和石棉制品。应注意在供、排氧系统的管路上绝不能使用易燃的或含有油脂的垫片。②由于空气加压氧舱舱内的压力是通过控制压缩空气的进舱量来达到的,而在氧舱正常工作中,舱内的患者除利用吸排氧面罩吸入高浓度氧气外,大约有一半的时间(指从关舱门开始,升压至降压,再到打开舱门的全过程所需的时间),舱内患者是直接呼吸氧舱内的压缩空气。因此,氧舱内压缩空气的质量对患者健康及治疗效果有很大关系。控制氧舱内压缩空气的质量、减少有害物质含量的办法之一就是要求在供气系统管路上的密封元件不得采用石棉制品。

### 6.6.1.3 公称直径

公称直径是管子和管路附件的一种标准直径,有时称为公称通径。其定义是:用标准的尺寸系列表示管子、管件、阀门等口径的名义内直径。一般情况下,由于用途不同,所需的管径也不同。即使是同一外径的管子,由于壁厚不同,内径也不同,加之配套的管件、阀门和法兰的多样化,从而给制造、设计和施工造成困难。因此,有必要将其实行标准化,以达到管子及管路附件的互换性。公称直径的数值既不是管子内径,也不是管子外径,而是与管子内径十分接近的整数。这样就能做到无论管子的内径或外径是多少,总能与公称直径相同的管路附件相连接。

工程中度量管子的大小,通常用管壁的外直径和内直径 $d$ 表示。阀门的内径通常与公称直径相等。公称直径一般用 DN 表示,并在符号后加上公称直径的数值。如:公称直径为 80 mm,用 DN80 表示。

### 6.6.1.4 公称压力

公称压力的定义是:管子、阀门等在 0~20 ℃ 的温度下,所允许承受的工作压力,以标准规定的系列压力等级表示。公称压力一般用 PN 表示,并在符号后加上公称压力的数值。

## 6.6.2 管道的连接

管道的连接就是根据工程的需要将多种管道组成件按规定工艺要求连接起来,使其成为一个满足使用要求的密封的整体。医用氧舱的供、排氧和供、排气系统的管路,虽然量不很大(特别是医用氧气加压舱),但也涉及了一些管道的安装问题。为使氧舱系统的管道安装能满足设计、使用要求,目前在氧舱管道中,主要采取的管道连接方式有以下几种。

#### 6.6.2.1  弯管

由于医用氧舱的供、排氧管路多选用的是紫铜管,且直径一般为 8~30 mm,故在安装过程中,多数都选用盘管(软态使用前需校直),按照管路所需长度及施工现场要求,将铜管按需要直接进行弯曲代替弯头的作用。

#### 6.6.2.2  对焊连接

对焊连接的形式主要用在管道的直管和弯管上。直管的对焊连接有等径对焊连接和不等径对焊连接两种;弯管的对焊连接是指对不同角度的弯头、三通的对焊连接。值得一提的是,医用氧舱的空气和氧气管道上的弯头,不得采用直角对焊形式。对焊连接管件比采用其他连接形式的管件连接质量可靠,价格也便宜。

#### 6.6.2.3  螺纹连接

在医用氧舱的管道系统中,采用螺纹型式连接的管道主要是供、排氧系统中的管道通径 DN>32 mm 的接头。不锈钢管的焊接比无缝钢管焊接难度大,且焊接质量不易保证。另外,市场上又有不锈钢管的管件,易于配套使用。因此,氧舱的供、排气管道的弯头处,也常采用这种螺纹连接的方式。

#### 6.6.2.4  卡套连接

市场上新近出现的卡套接头,采用金属环压紧密封,不需焊接。

#### 6.6.2.5  热套连接

对部分非金属管材,还可采用热套的连接方法,利用其自身的紧配合达到管路的连接作用,而不需焊接。

### 6.6.3  管道的布置

管道的布置设计应符合管线及仪表控制流程的设计要求,在进行管道的布置设计时,应考虑到介质特性的要求,做到统筹规划、合理布局,使其达到安全、可靠、经济的目的,同时还应满足施工、操作及维修等方面的要求。医用氧舱系统的管道的布置,主要应考虑以下几方面因素:

(1)管道的布置设计。

管道的布置设计要考虑到管道系统应具有必要的柔性,要满足管道抗震的要求。整个管道系统要合理、可靠地布置支承点,避免管道与它的支承件发生脱离、扭曲、下垂的现象。另外管道布置不应有碍其他设备、机泵的安装和检修。由于氧气的密度比空气大,易在低洼处聚积,因此应特别注意氧气管道的出口处不能过低。

(2)管道的连接。

管子除与阀门、仪表、设备等需要用法兰或丝扣连接外,应尽可能采用焊接连接形式。对于氧气管道,为消除管内由于气流流速过快产生的静电积聚,氧气管道应与导静电接地装置相连。

(3)穿越建筑物的管道。

对于需穿过建筑物的楼板、墙壁的管道,应在墙壁上开有预留孔,管子外均应加套管保护,且套管长度应超出楼板、墙壁表面,穿墙套管内的空隙应用石棉或其他不燃材料填实密封,若管道,有焊缝,其焊缝部位不应在套管内。

（4）与转动机械设备连接的管道。

在布置设计与转动机械设备连接的管道时,应注意使管道的机械振动固有频率、机械设备的振动频率、气体管道的音响频率等不互相重合,避免发生共振现象。对于与压缩机连接的压缩空气管道,应设有减压装置,特别是对压力波动范围要求较高的这部分管道应装有减压阀。

（5）排液管道。

为保证管道畅通、避免积液过多堵塞管道,管道的敷设应有一定的坡度,其坡度方向应与介质流动方向一致,一般来说压缩空气管道的坡度为 0.004,氧气管道的坡度为 0.005。另外在管道布置中,还应注意根据使用、维修的需要,在管道的最低点设置排液管。医用氧舱排废氧管道的设置不仅要考虑将排废氧管道延伸到室外,同时还应使排废氧管口高出地面 3 m 以上。

## 6.6.4 管道的清洗和涂色

管道清洗的目的是将进入管内的杂物及时清理。管道清洗包括吹扫和脱脂。在吹扫过程中要不断用手锤敲击管壁,使黏附在内壁的污物易于脱落清除。压缩空气管道也可以采用流速很高的清水进行冲洗,但冲洗后的管道必须用空气吹干,才能投入运行。氧气管道的吹扫应用不带油污的压缩空气或洁净氮气进行。

氧舱系统的管道无论是供、排氧系统的铜管或不锈钢管,还是供、排气系统的无缝钢管,在投入使用前,都必须进行清洗、吹扫。同时供、排氧系统的铜管或不锈钢管道还必须进行脱脂处理,严禁沾染油污。

### 6.6.4.1 空气吹扫

（1）对工作介质为气体的管道,一般应选用压缩空气吹扫,吹扫压力不得超过管道的设计压力,流速不宜小于 20 m/s。

（2）忌油管道的吹扫,其吹扫气体不得含有油脂。

（3）在空气吹扫过程中,当目测排气无烟尘时,可在排气口设置贴有白布或涂白油漆的木制靶板检验,如 5 min 内靶板上无铁锈、尘土、水分及其他杂物,应视为吹扫合格。

### 6.6.4.2 管材的脱脂

在进行脱脂工作前,应先对需脱脂的管材清扫除锈,对氧舱的供、排氧管道所需的材质,即铜管或不锈钢管等,应将管材表面的泥土清扫干净。对铜材和不锈钢的管道、管件及阀件,一般用工业四氯化碳作为脱脂剂;对非金属的垫片也可用四氯化碳作为脱脂剂。由于四氯化碳具有一定的毒性,故操作者应注意防毒。四氯化碳本身不能燃烧,但当接触到烟火时,它能分解产生有极度危害介质的光气,故应在使用中加以注意。常用的另一种脱脂剂是工业酒精。

管材的脱脂分为管材内表面脱脂和管材外表面脱脂两部分。管材内表面脱脂的方法是,将管子一端用木塞堵住,把溶剂从另一端灌入,然后用木塞堵住,把管子放平,停留10~15 min。在此时间内,需将管子翻动 3~4 次,使管子内表面全部被溶剂洗刷到,然后将溶剂放出,可利用自然风吹干,也可用无油、无水分且清洁的压缩空气吹干。对脱脂吹干后的管子,为防止再次被污染,应将管子两端堵住,并包以纱布;对于管子外表面的脱脂,可以用浸有溶剂的擦布,直接擦拭干净,然后放在露天的地方,自然干燥。

阀件与垫片脱脂时,应将阀件拆卸后浸没在装有溶剂的密闭容器内浸泡 5~10 min,然后取出进行干燥,直到没有气味;垫片和法兰也可采用同样的方法进行脱脂。所有脱脂后的管件及垫片应妥善保管,防止再次被油脂污染。

### 6.6.4.3 管道表面的涂色

医用氧舱管道系统表面漆色问题,目前还有不同看法。有的认为医用氧舱的管道少,特别是对氧气加压氧舱,主要有供、排氧管道,而这部分管道,有些还允许使用氧气软管来代替不锈钢管和铜管,因此也就没有对管道涂色的必要。根据《工业金属管道工程施工规范》(GB 50235)中,明确提出对有色金属管和不锈钢管,不宜涂漆,即使是空气加压氧舱,也没有多大意义。且管子经涂色后,若保管不善,还会造成新的问题的发生。而坚持在管道表面涂色的观点则认为:既然医用氧舱的管道系统,也属于压力管道范围,就应该按有关规定执行,应对其不同用途的管道,加以涂色标记,以示区别。现在对医用氧舱系统管道涂色的主要有:供、排氧管道,涂成天蓝色;供、排气管道,涂以蓝色或黑色。也可采用色环的方法,来辨别管道内的介质,同时还应在管道上标有气路走向的箭头。

## 6.7 通风换气

氧舱的通风换气是在稳压期间进行的一项操作。通风换气的目的是防止舱内污染物和氧气的含量超过允许值。通风量大,通风换气效果好,但消耗气量也多,不经济。因此,应根据实际要求确定所需要的最低通风量。

舱内污染物很多,但根据二氧化碳的体积分数来计算通风量是大多数国家使用的基本方法。二氧化碳虽无色无味,但它是人的新陈代谢产物,所以可以作为衡量舱内气体新鲜程度的指标。

# 第 7 章　氧舱供排氧系统

　　供排氧系统是氧舱的主要组成部分,起到为舱内患者提供治疗用氧的作用。对于氧气加压舱而言,整个氧舱几乎就是一个供排氧系统,舱内加压介质也是氧气。氧舱供排氧系统的合理配置与正确使用不仅与高压氧临床疗效有关,也与氧舱安全运行有关。本章将介绍氧舱供排氧系统及其有关装置的功能、组成、原理和安全使用要求。

## 7.1　系统组成与工作原理

### 7.1.1　系统组成

　　空气加压氧舱、氧气加压舱供排氧系统的基本组成有相同的部分,也存在一些差异。空气加压氧舱的供排氧系统主要由氧源、处理装置、呼吸器、排氧装置、显示装置、冷凝水泄放阀等环节组成,氧气加压舱则不需要舱内呼吸器,而直接呼吸舱内的富氧气体。

#### 7.1.1.1　氧源

　　医用氧舱为患者提供的治疗氧气,主要有气瓶氧、液态氧、制氧机供氧等几种形式。目前,国内较多采用的氧源为医用气瓶氧和液态氧。

#### 7.1.1.2　处理装置

　　为满足医用氧舱呼吸用氧的需要,氧源提供的氧气在到达患者呼吸器之前需经处理装置进行加工,气瓶氧的处理内容主要是二级减压,液态氧处理的主要内容是减压和汽化。

#### 7.1.1.3　呼吸器

　　呼吸器是供排氧系统与患者直接接触的部分,患者需要的氧气通过它予以提供,患者呼出的废氧,也需经过它排出舱,呼吸器分类可见表7-1。

表 7-1　呼吸器分类

| 呼吸器 | 按需供氧式 | 调节器式 | 有供氧量信号输出 | 光电传感式 |
| | | | | 压敏传感式 |
| | | | 无供氧量信号输出 | |
| | | 拉杆气囊式(低阻力呼吸器) | | |
| | 连续供氧式 | 面罩 | 废氧排至舱内(单管吸氧面罩) | |
| | | | 废氧排至舱外(双管吸氧面罩) | |
| | | 头罩 | 套肩吸排氧头罩 | |
| | | | 透明软体吸排氧头罩 | |
| | | 婴儿透明氧罩 | | |

#### 7.1.1.4　排氧控制装置

患者呼出的废氧应安全、有效地排至室外,氧舱必须设有排氧控制装置。目前使用较多的排氧控制装置有两类:流量调节式和拉杆气囊式。

#### 7.1.1.5　显示器

为使供排氧系统能够正确、有效地工作,在供氧的处理装置和排氧的控制装置上分别设有压力和流量的显示装置。

#### 7.1.1.6　冷凝水泄放阀

在氧舱排氧管系最低端的管路上,安装有冷凝水泄放阀。泄放阀的出口端连有软管,该软管一直通向室外。

### 7.1.2　系统工作原理

空气加压氧舱采用气瓶氧为氧源的供排氧系统原理。

### 7.1.3　系统基本要求

供排氧系统在氧舱中的使用性能不仅与临床疗效有关,更与氧舱安全有关。为了确保它的使用性能,对其提出相关的技术要求是十分必要的。

#### 7.1.3.1　性能要求

(1)氧源的可用储量至少应满足当日临床治疗的需氧量。

(2)氧源经减压后输入舱内的供氧压力要比氧舱压力高出一个 $\Delta P$,$\Delta P$ 值范围一般为 0.4~0.7 MPa,该 $\Delta P$ 的大小主要取决于呼吸器的特性。如调节器式呼吸器的 $\Delta P$ 约为 0.4 MPa。

(3)系统的供氧压力要稳定,即舱内患者满员同时吸氧时,供氧压力表的指针摆动量应不超过 0.1 MPa。

(4)排氧管系及附件的通径、长度等参数应设计合理,以使患者同步呼气时,呼气阻力不过大,废氧不排入舱内。

#### 7.1.3.2　安全要求

(1)对空气加压氧舱,供排氧系统要使舱内氧的体积分数控制在 23% 以内。

(2)高于 0.8 MPa 的供氧管系的设计和阀件选型必须满足高速气流不过快、不冲击。否则,金属也会产生高温,甚至导致火灾,为此阀件选型必须是渐开式,管路设计应尽量减少弯头。

(3)氧气减压器应严格按照其使用说明书的程序操作。如出现“冰塞”现象(减压器出口压力表指示值忽高忽低,舱内人员吸氧发生困难的现象),可用热水或蒸气加热来消除,切忌用明火加热。

(4)供排氧系统管路和管路附件必须做脱脂处理。

(5)供排氧系统全部附件必须适用于氧气介质。

(6)氧气管路应接地。

#### 7.1.3.3　维修要求

(1)根据氧舱使用的频繁程度,定期泄放冷凝水。因为冷凝水在管路中长期聚存,不仅带来异味,更使管路局部容程变小,增加额外阻力。

（2）个别氧舱控制台上排氧流量计里也集存了黄褐色的冷凝水,对此不仅要随时泄放保持流量计内部清洁干爽,更要查找流量计内出现冷凝水的原因,以便彻底解决。

（3）据实地检测,氧舱排废氧出口处的氧的体积分数和舱内氧的体积分数密切相关,而且高达 70%~90%,这一高氧的体积分数区范围较宽,而且随风向在变化,维修人员必须牢记舱外的这个不安全隐患。为避免小孩玩火及烟蒂等点燃火种带来意外,排废氧口高于地面 3 m 是非常必要的,维修人员应经常检查排废氧出口处的遮雨罩帽是否完好。

# 7.2　氧　源

## 7.2.1　氧的性质与用途

氧是空气的主要组成部分之一,按体积百分比计算,氧约占空气的 21%。

### 7.2.1.1　氧的物理性质

氧的分子式为 $O_2$。相对分子质量为 32。氧在标准状态下为无色无味的气体,比空气略重。氧在水中的溶解度不大。氧气在 -183 ℃时和一定的压力下就变成浅蓝色的液体,当温度降至 -218 ℃时液体氧就变成浅蓝色的晶体。

### 7.2.1.2　氧的化学性质

氧是活泼的化学元素,许多元素都能与氧发生反应,在化学反应中氧起氧化作用,燃烧即是激烈的氧化作用。

### 7.2.1.3　氧的用途

（1）助燃:助燃的程度将随着氧的体积分数的增加而增加。

（2）供呼吸:人在呼吸过程中消耗氧气,排出二氧化碳。

## 7.2.2　氧舱用氧的基本要求

日常所用的氧气包括工业用氧和医用氧两种。供氧舱用的应为医用氧。工业用氧对氧气所含的杂质和气味没有要求。

按照《医用及航空呼吸用氧》（GB/T 8982—2009）的规定,医用氧的质量指标应符合表 7-2 的要求。

## 7.2.3　氧气瓶

### 7.2.3.1　医用氧气瓶

氧气瓶是气态氧储存的压力容器,一般为圆筒形。上部为瓶颈,装有瓶阀,下部为凸形底或凹形底,以便直立。医用氧气瓶瓶体上应有两个防振胶圈和瓶帽,以保护钢瓶和瓶阀。氧气瓶有高压和中压之分,容积也有多种,高压氧治疗所用氧气瓶的规格一般为 40 L 和 15 MPa。除瓶上本身的标记外,每次充装后瓶上都要贴上一张瓶签（合格证）,其内容有:气体名称、纯度、压力、检验员、充装日期、生产厂家。瓶签上压力应为当次实际充装压力,往往低于钢印上标记的压力。为了避免用错气体,不能只看瓶子的颜色,还应检查瓶签。

表 7-2　医用氧技术要求

| 项目 | | | 指标 |
|---|---|---|---|
| 氧($O_2$)含量(体积分数)/$10^{-2}$ | | $\geqslant$ | 99.5 |
| 水分($H_2O$)含量(露点)/℃ | | $\leqslant$ | -43 |
| 二氧化碳($CO_2$)含量(体积分数)/$10^{-6}$ | | $\leqslant$ | 100 |
| 一氧化碳($CO$)含量(体积分数)/$10^{-6}$ | | $\leqslant$ | 5 |
| 气态酸性物质和碱性物质含量 | | | 按 5.4 检验合格 |
| 臭氧及其他气态氧化物 | | | 按 5.5 检验合格 |
| 气味 | | | 无异味 |
| 总烃含量(体积分数)/$10^{-6}$ | | $\leqslant$ | 60 |
| 固体物质 | 粒度/$\mu m$ | $\leqslant$ | 100 |
| | 含量/($mg/m^3$) | $\leqslant$ | 1 |

注:液态医用氧对气味、水分含量不做规定。

#### 7.2.3.2　医用氧气瓶的应用

高压氧舱使用的气态氧由 5 个或 10 个 40 L 氧气瓶集装于氧气汇流排上,经二级减压后以一定压力输入舱内呼吸器,供病人吸氧治疗或直接向舱内加压。

高压氧治疗时需要的氧气瓶数,取决于治疗所需的用氧量及每瓶氧气可用的有效储量。

#### 7.2.3.3　医用氧气瓶的基本要求

目前,氧舱使用单位多数利用医用氧气瓶为氧舱提供氧源,其方法是将多个氧气瓶连接在氧气汇流排上,以使氧舱能够得到连续、稳定的气源。氧气瓶是一种可多次重复充装使用的高压无缝气瓶,它的运输、储存、使用及检验都应严格执行《气瓶安全技术监察规程》(TSG R0006—2014)的有关规定,特别是对氧气间内的氧气瓶应加强安全管理,并应做到以下几点:

(1)使用的氧气瓶均应在检验的有效期内,按规定检验周期进行气瓶安全检验。

(2)在每次使用新充装的气瓶时,应注意检查气瓶表面漆色及肩部检验日期,防止错用气瓶和使用过期气瓶。在使用过程中,严禁敲击、碰撞气瓶。

(3)使用时,开阀应缓慢,瓶内气体不得用尽,必须留有不小于 0.05 MPa 的剩余压力。

(4)使用后的空瓶要与实瓶分开放置,并应标有明显标志。

(5)氧气瓶应妥善放置,不得靠近热源和可燃性气体,与明火距离一般不得小于10 m。

(6)保持氧气瓶内外清洁,瓶体不得沾染油脂和其他污物。用于启闭瓶阀的扳手应作为氧气瓶的专用工具管理,不得随意外借,以防沾染油污。用于氧气瓶的扳手宜选用铜质材料。

(7)氧气瓶不得与医用氧舱放置在同一房间内。

#### 7.2.3.4　氧气间的基本要求

安放氧气瓶和汇流排的房间称为氧气间。

(1)氧气间按《建筑设计防火规范(2018年版)》(GB 50016—2014)中的规定,属储存乙类物品(助燃气体)的建筑,其耐火等级应符合二级耐火等级的要求。氧气间内不应设置办公室和休息室。

(2)氧气间不应设在地下室或半地下室,并应远离锅炉房、厨房、动力机房和配电室等有明火的区域。

(3)氧气间的照明,应采用防爆开关。电源开关设置在氧气间外,可用普通开关。照明所用的电气元件及线路应符合本质安全电路的要求。

(4)氧气间的出入通道应畅通。

(5)为防止气体流动时产生静电积聚,氧气间的汇流排必须保持良好的接地。

(6)氧气间内存放的氧气瓶应采取措施妥善固定,防止碰撞和倾倒。

(7)操作人员不得带火种和易燃物品入内,也不得穿带铁钉的鞋进入氧气间。

(8)氧气间不得堆放易燃物品或其他杂物,屋内应备有消防器材,屋外应有"严禁烟火"和"非操作人员不得入内"的明显标志。氧气间开有天窗,屋顶最好采用轻质耐火材料,门向外开,且保持良好的自然通风,必要时,也可加装防爆排风扇。

### 7.2.4　液态氧

#### 7.2.4.1　液氧的性质与制取

氧气通常是以气体或液体两种形态存在,并在一定条件下相互转化。转化的条件是以人工的方法改变氧气的压力及温度。

空气是制取氧气的主要原料。空气中含有大约1/5的氧气,但它与大约79%的氮气及其他稀有气体均匀地混合在一起。一般情况下,空气的气态温度远远高于它的饱和温度(液化温度),所以在常温、常压下是难以把氧气分离出来的。从制氧机分离出来的液氧可直接灌入液氧槽车或液氧贮槽,如果使用单位用的是固定式贮罐,则需由制氧厂的槽车输送加注。

#### 7.2.4.2　液氧设备的安全技术

贮罐是贮存液氧的容器,为双筒式结构。由于内外筒的温差可达200 ℃,因此两筒间夹层的绝热至关重要。

贮罐的外筒防爆装置和抽空阀是直接通真空夹层的,在夹层真空度没有破坏时,不得拆卸该装置。抽空阀在设备出厂时已作铅封,不准随意拆卸,否则会破坏贮罐的真空度。

(1)贮罐安置场所要有良好的通风条件,5 000 L以上的贮罐一般在室外安置,围墙设施及周围环境通道均应方便罐车出入加注,贮罐上部可盖轻型遮阳防雨顶棚。

(2)贮罐周围5 m内不得有通往低处(地下室、地井、地沟)的开口,否则入口处必须设有挡液堰。

(3)贮罐与人口密集地区(如办公室等)的距离不应小于7.5 m。

(4)设备与可燃建筑物的距离不能小于15 m,与防火建筑物的距离不能小于7.5 m。

（5）设备周围至少 5 m 内严禁有烟火,同时要避免在操作场所出现静电火花。

（6）必须排放的液体应排放或流至指定的安全地点。

### 7.2.4.3　使用的安全要求

（1）贮罐必须指定专人负责,管理操作人员必须熟悉设备的技术性能及操作规程,应按规定进行维护保养。

（2）在充灌、排放、增压时,阀门开关或其他操作均应缓慢,防止过快、过猛发生事故。

（3）带压贮存应掌握压力与时间的变化关系,安全装置应稳定可靠。

（4）设备需要检修时,必须首先排尽罐内液体,再用无油干燥空气吹拂,使设备中的含氧量在 21% 时才能焊接。

（5）检修操作应戴好防冻手套,防止低温液体与皮肤接触。

（6）贮罐在不需要增压的所有时间内均应关严增压阀,以免阀门发生内漏而加大蒸发使内筒压力升高。

（7）使用中的贮罐,一般情况下不应排尽罐内液体,以防止内筒恢复常温给再次充液造成不必要的液体损耗。

### 7.2.4.4　液态氧与气态氧的比较

（1）液态氧的卫生质量符合 GB/T 8982 的标准。

（2）液态氧的利用率比瓶装气态氧高。由于液态氧的贮运、使用均在密封系统中完成,工作压力低,罐内剩余的液态氧仍可继续使用,所以损耗很小,利用率可达 95% 以上。而瓶装气态氧的利用率约为 90%。

（3）液态氧重量轻。

（4）液态氧使用操作轻便,使用时打开氧气阀门即可,减轻操作强度。而瓶装气态氧,由于贮量小,搬运、装卸、更换流转操作频繁,劳动强度大,并易造成氧气附件的损坏。

（5）流量、压力稳定,使用液态氧不会出现压力时高时低的现象,也不会有冰塞现象。

（6）液态氧的费用比气态医用氧或工业用氧都要便宜。

（7）液态氧设备技术较复杂,投资费用较大,液态氧贮罐及系统配备均属深冷设备,体积庞大,需要有一个固定的安全场所。

# 7.3　处理装置

## 7.3.1　氧气汇流排

氧气汇流排是一种氧气钢瓶的集装汇流装置,是高压氧舱气态氧系统中的一个重要组成部分。配备氧气汇流排可以增大系统的贮氧量和供氧流量,延长系统连续供氧时间。

### 7.3.1.1　汇流排的组成

氧气汇流排分为 5 瓶组、10 瓶组、20 瓶组三大类,也可根据实际情况设置新的瓶组。汇流排的结构如图 7-1 所示。

汇流排由汇流管、阀件、压力表及管路附件组成。氧气介质由氧气瓶供给,经过回形缓冲导管—直角阀—汇流管—高压截止阀—汇总管,送至氧气气源控制板一管路的设置,

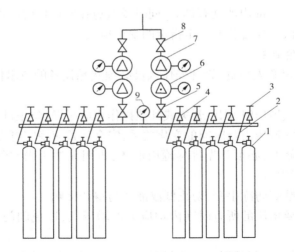

1—氧气瓶;2—高压连接管;3—氧气角阀;4,5—高压截止阀;6—一级减压器;
7—二级减压器;8—低压截止阀;9—压力表。

**图7-1  氧气汇流排**

应使任一氧瓶都能独立地向气源控制板供氧。

#### 7.3.1.2  汇流排的使用

氧气瓶与汇流管的连接方式有高压连接及低压连接两种。前者的减压器放在汇流之后或在氧源控制板上;后者的减压器放在汇流之前,无氧源控制板,仅可用于中小型舱。

高压连接即不经过减压,以高压管接往汇流管。高压管一般为紫铜管,有条件的可用夹层钢线加强的高压橡胶软管。高压连接一般为近侧连接,铜管应在软态下盘绕几个小圈,以便调节长短和方位,适应不同高矮的氧气瓶。

另有一种方法是使氧气瓶远离汇流管,例如分别置于墙的对面,其间用较长的铜管相连。铜管从高处横过,靠近氧气瓶的一端吊在滑轮上,配以重锤可以灵活地调节高度。高压连接均在汇流管的输出端接一个共同减压器。高压连接的优点是可以几个氧气瓶同时供氧,每一舱次结束后才需更换氧气瓶。

市场销售氧气橡胶软管为红色(绿色为乙烯管,耐压低),耐压1.5~2.0 MPa,两端以卡箍扎紧在汇流管接头和减压器接头上。低压连接比较安全简便,但是由于各个减压器出口压力很难调的一致,难以同步工作,一般调压较高的一瓶消耗殆尽后,调压较低的一瓶才开始接通供氧,否则需要再次调压。然而仔细将各个减压器的压力差总值限在0.1 MPa的范围内,依次稍调高或调低一点(用同一压力表指示),有助于克服这一缺点。这种连接只用于中小型氧舱。

#### 7.3.1.3  汇流排的基本要求

(1)氧气汇流排安装的高度应便于工作人员的日常操作,汇流排上的仪表应易于观察。

(2)汇流排中所用的管材应为紫铜管或不锈钢管,并应在安装前对管材进行清洗、脱脂处理,管材内、外均不得有油污。

(3)安装单位应提供汇流排高压系统管材的合格证件。

（4）汇流排的供氧穿墙管或地下敷管应加保护套管，套管长度应大于穿墙厚度，套管内应填充石棉等防振材料。

（5）汇流排所用的密封材料，应选用铜质或聚四氟乙烯材料。

（6）正确选择汇流排的管径，满足舱内用氧量的要求。

（7）汇流排的氧气管路必须接地，以消除在氧气输送过程中可能产生的静电。

（8）采用法兰连接的汇流排管路应在每对法兰上增加跨接线，跨接线的材质应选用铜质编织线。

（9）汇流排的氧气管路不能靠近火源和暖气管路，也不能沿电缆线敷设，距油管、电缆距离不应小于 0.5 m。

（10）汇流排高压系统的阀门必须选用渐开式铜质阀门。

（11）汇流排安装完毕后，必须对汇流排的所有管路进行气密性试验，并应提供气密性试验报告。

## 7.3.2　氧气减压器

氧气减压器亦称氧气减压阀，是将氧源由高压转变为低压的压力转换装置。常用的直动式减压阀，由旋钮（调节螺丝）直接调节调压弹簧来改变减压阀输出压力。

### 7.3.2.1　氧气减压器组成及工作原理

直动式减压器是氧气汇流排常用配备的设备。在进口压力和出口流量都发生变化的条件下，依靠氧气自身的能量保持出口压力的稳定。

减压后的压力由调节螺杆来调节，顺时针扭动，输出压力增高，反之降低。主要是改变弹簧所产生的弹力，致使薄膜下面与之平衡的氧气压力产生变化来达到所需要的工作压力，调整好工作压力后即可打开管路阀门。

### 7.3.2.2　氧气减压器的安全使用

（1）在安装氧气减压器以前，应检查连接螺纹是否适合，有无损坏，吹除接口内尘粒。

（2）应先打开氧源开关，然后再旋紧减压器调压螺杆。减压器前的开关阀应缓慢打开，避免突然开大。

（3）打开氧气瓶阀或减压器开关时应站在侧面，不应对着瓶口或减压器。

（4）氧气减压器只能用于氧气，严禁与其他气体混用。

（5）调压螺杆用久后可能扭动困难，此时应拧出螺杆，擦净螺杆及螺孔上的污垢，然后可抹一些抗氧化硅脂，延长使用寿命。严禁使用其他油脂。

（6）减压器连接部分漏气为螺纹松动或垫圈损坏所致，安全活门漏气为垫片损坏或弹簧变形所致，盖子漏气是由于隔膜损坏，均应针对情况及时修理，不得带故障工作。

（7）在调压螺杆松开状态下，出口压力表缓慢上升或出口有气流，此种现象称为自流或直风，主要为活门或活门座上有垃圾或其损坏，应及时拆开修理或更换。

（8）冰塞现象及处理。

在减压器工作一段时间后供氧不足，吸氧困难，或减压器出口压力表指针摆度过大，忽高忽低，这是因为氧气中的水分在活门的间隙处产生了冻结或冰塞现象，影响了氧气的正常流动。这时可用热水或蒸气加热来消除，切忌明火加温。此现象多在冬季及大流量时发生,这是因为减压器前后压差很大,气流经过活门时气体膨胀吸热而温度降低。当低至露点时氧气中的水汽便在活门附近凝结,致使活门运动失灵,吸氧阻力加大。而在停止吸氧的间歇期内压力又失控持续上升,很快冲开安全活门排气,甚至会冲脱管路或冲坏压力表造成危险。此种情况的发生为低温及大流量的双重效应,例如某型减压器在室温低于15 ℃及人员大于8人时发生,室温升高或人员减少时又正常。应当指出,活门一旦冰塞失控,即使停止吸氧其自流危险也不会消失,拧松调压螺杆也无法纠正,必须立即关闭氧源。若要避免冰塞,应从减压器的选择、供氧人数的限制以及室温的保持3个方面予以解决。氧气汇流排之后及舱内吸氧管之前,安置一定容积的缓冲器,这对减小吸氧阻力及防止冰塞现象有一定好处。

### 7.3.3　加湿装置

氧气瓶中的氧气含水量甚少,长时间呼吸这种干燥气体,人会感到咽喉不适。为解决这一问题,在空气加压氧舱和氧气加压舱中设置了加湿装置。氧气加湿还可防范氧舱火灾事故,因此《氧舱》(GB/T 12130—2020)中明确规定,氧气加压舱应设有加湿装置。

#### 7.3.3.1　空气加压氧舱的加湿器

空气加压氧舱的加湿器按氧舱的实际配置情况可分为集中加湿和个人加湿两类。目前,空气加压氧舱应用较多的是集中加湿。集中加湿即是供氧管道在进舱前先经过一个加湿罐,加湿罐中盛装清洁饮用水,通过水的氧气被加湿后,再送往舱内各呼吸器。加湿罐中盛装的饮用水要适量,不要过多以免水冲入管路,也不可太少以免影响氧气的湿化效果。维修人员要按加湿罐中水位标尺,随时加注新水,并经常清洁加湿罐。集中加湿的优点是结构简单、维修方便;缺点是湿化效果不佳。针对集中加湿的不足,于是就产生了个人加湿的新方式。

个人加湿装置设置在供氧呼吸器与吸氧面罩之间,是因人而设,不仅加湿效果好,还可一并雾化药物,使患者在吸氧的同时,还能得到药物治疗,从而达到常规高压氧临床难以达到的治疗效果。

#### 7.3.3.2　氧气加压舱的加湿器

氧气加压舱的加湿不仅可解决因氧气干燥而引起咽喉不适的问题,更主要的是通过氧气加湿,会使整个氧舱环境的相对湿度增大,有利于防止火灾发生。

目前,国内较先进的为一种单人氧气加压舱喷雾加湿的闭环自动控制系统。为使该系统能正常工作,舱内必须设置喷雾执行机构和RH传感器。RH传感器也可叫湿敏元件,自动加湿系统的舱外部分是以智能控制单元为核心。该智能控制单元按照湿度预置量与舱内湿度实际量的偏差对氧舱加湿实施自动控制。

# 7.4　呼吸器

## 7.4.1　呼吸器的分类

呼吸器是供患者在高压环境下正常呼吸的器件。呼吸器按工作原理可分为两种:一种为由肺呼吸控制的按需供氧(间歇供氧)式呼吸器;另一种为连续供氧(自流供氧)式呼吸器。

## 7.4.2　按需供氧式呼吸器

按需供氧式呼吸器是目前高压氧治疗普遍使用的一种吸氧终端装置,该装置的工作特征是以肺部吸气产生负压为动力,开启供氧阀门,实现吸氧的目的;反之,肺部呼气产生正压,开启正压排气阀门,实现呼气的目的。

按需供氧式呼吸器目前使用最多的两种为调节器式呼吸器及拉杆气囊式呼吸器。

### 7.4.2.1　调节器式呼吸器

调节器式呼吸器主要由调节器、吸氧面罩、三通管及波纹管等组成。该呼吸器的调节器结构简单,性能可靠,主要由感压膜片、摇杆活门、壳体、盖子、进气接嘴和出气接嘴组成。膜片之上为膜上腔,与舱压相通;膜片之下为膜下腔,感受吸气负压及经由摇杆活门进入的氧气压力。壳体材料有金属或塑料两种。当吸气时膜下腔相对上腔产生负压,使膜片下移,迫使摇杆活门开启,氧气进入膜下腔,通过面罩进入吸氧者的肺部。呼气时,膜下腔内的负压消失,膜片复原,摇杆活门在弹簧的作用下关闭,氧气中断进入,从而达到与肺呼吸同步的启闭动作。

调节器式呼吸器在舱内的连接方式有 3 种。调节器的入口以软管接供氧管,出口以波纹管接面罩,调节器可放入面罩箱内以便保护。调节器入口接管直接焊接在供氧管上,接管与调节器之间由螺纹连接,这种接法牢靠简单。调节器的出口直接安装在面罩上,因此吸氧阻力较小,这种调节器的尺寸要小一些。任何安装方式均应使调节器的膜片处于水平位置。调节器与供氧管之间应加一个隔离阀门,以便于检修调节器。

目前高压氧治疗均用双管吸氧面罩,一根为吸氧管,另一根为排氧管。吸氧面罩与带有进、排单向阀的三通管相连。吸气时,进气单向阀开启,而排气单向阀关闭,呼气时反之。排氧管接至排氧系统,可将含有高浓度氧的呼出气排至舱外。氧气面罩可以用橡胶或塑料制成。氧气面罩的气密性,即与面部的贴合程度,取决于面罩的造型、材料的性能、大小及佩戴情况。气密情况影响吸入氧的体积分数,贴合好时吸入氧的体积分数高达90%以上,贴合差时可低至50%以下。

面罩的佩戴至关重要。面罩的上部应贴合鼻骨上 1/3 处,下面套在颌下。一根挂带挂在头顶,另一根挂在后脑,调节好长短松紧,以面部紧贴而又无压痛感为度。如果带子拉得太紧,反而会使面罩扩开,引起鼻部周围漏气。戴好后可来回摇动头部,张合口腔,轻拉波纹软管,检查是否戴牢。

单向阀可以直接安装在面罩上,为了面罩卸装方便,多数安装在 Y 形或 T 形三通管上,面罩只有一个开孔与三通管相接。三通管一般用 ABS 工程塑料制成,标准外径为 22 mm,有一定锥度可与面罩及软管快速连接。三通管的呼气接头和吸气接头应有明显的标记区分,并最好有各自不同的几何尺寸(呼、吸软管的口径最好要有区别),以免错接。

单向阀中的呼吸活瓣一种由薄橡胶膜片制成。膜片应当十分平展、光滑、轻薄而又有一定强度,富有弹性,边缘整齐,密封边在同一平面上,放在玻璃板上能够吸附住。活瓣座应平整而光滑,与活瓣的接触面最好是有刃口的线接触,少用面接触。活瓣与活瓣座应装配良好,平时应处于严密贴合状态,不应有透光缝隙。影响活瓣性能(气密性和呼吸阻力)的另一因素是清洁状况,活瓣及活瓣座上的秽物应及时清洗擦净。老化或变形了的膜片应及时更换。另一种呼吸活瓣为球形密封形式,它能避免因消毒等原因引起的活瓣老化、变形,密封性能下降或活瓣粘连影响吸氧效果等问题。

为防止交叉感染,吸氧面罩宜选用一次性面罩。这种面罩比较单薄,但也足以满足一人多疗程的使用,且价格低廉,容易做到使用专一。生产厂家根据患者脸形的大小不同,生产的一人多次性面罩分大、中、小 3 种型号,可以适用不同头型的患者佩戴。

#### 7.4.2.2 拉杆气囊式呼吸器

拉杆气囊式呼吸器(低阻力呼吸器)有两个 1 L 容积的吸氧气囊和排氧气囊,在供氧机械传动联杆和排氧机械传动联杆上分别固定安装供氧活门拉杆和排氧活门拉杆,同时用供氧过渡管固定供氧机械传动联杆,并将供氧机械传动联杆的下端套接在供氧活门拉杆上,同样用排氧过渡管固定排氧机械传动联杆,并将排氧机械传动联杆的下端套接在排氧活门拉杆上,两套机械传动联杆分别固定在吸氧气囊和排氧气囊内;制作一个供氧阀箱和一个排氧阀箱,在供氧阀箱内安装供氧活门,在排氧阀箱内安装排氧活门,同时将供氧活门阀杆和排氧活门阀杆分别固定在供氧活门和排氧活门上,在供氧阀箱和排氧阀箱上分别固定安装连接管,连接管上开设有吸氧波纹管接口和吸氧气囊接口、排氧波纹管接口和排氧气囊接口,然后将连接管分别通过吸氧气囊接口、排氧气囊接口与吸氧气囊、排氧气囊固定连接,形成两个密闭的腔室,将上述组装好的部分安装在箱式壳体内。

使用拉杆气囊式呼吸器时,人体通过吸氧面罩一侧从吸氧气囊内吸入氧气,此时气囊收缩带动气囊内的机械传动联杆向气囊的中心运动,供氧活门拉杆向上方推移,拉动着供氧活门阀杆上抬,使供氧活门开启,氧气即通过供氧管路进入供氧阀箱,再通过供氧过渡管进入吸氧气囊,并迅速将气囊充满氧气。随着吸氧气囊被氧气充入的过程,吸氧气囊内的机械传动联杆随吸氧气囊的充盈膨胀过程而向气囊的两侧运动,将供氧活门拉杆向下方移动,拉动着供氧活门拉杆复位,当供氧活门拉杆回复到使供氧活门关闭的位置时,供氧活门关闭,氧气即停止进入吸氧气囊内。

呼气时,排氧气囊被人体呼出的废气充入而膨胀,带动着排氧气囊内的机械传动联杆向外侧运动,将排氧活门拉杆向下方移动,推动着排氧活门拉杆使排氧活门开启,人体呼在排氧气囊内的废氧即通过排氧过渡管进入排氧阀箱,然后通过排氧活门进入排氧管,被排出舱外。当人体呼出的在排氧气囊内的废氧被排出后,排氧气囊收缩,带动着机械传动联杆向内侧移动,排氧活门拉杆向上方移动,使排氧活门阀杆复位,排氧活门关闭,气囊内的气体即停止排出。

## 7.4.3 连续供氧式呼吸器

#### 7.4.3.1 面罩式连续供氧装置

连续供氧是不论肺呼吸情况如何,一直向面罩提供连续流量的氧气。为了减少呼吸阻力和压力波动,可以在吸氧管路上接一个缓冲气囊。连续流量可定为每人 10 L/min 左右,由舱外流量计调控。在舱容不小于 20 m³ 的情况下,允许个别连续供氧采用开放式单管面罩(航空面罩),呼出的气体排至舱内。但也可用双管面罩,呼出气体接至排废氧集气管再排至舱外,此时即使多个连续供氧同时工作,也不会发生氧的体积分数过高的现象。事实上,如前所述,按需供氧式呼吸器也可很方便地临时改为连续供氧装置。

#### 7.4.3.2 吸氧头罩

在高压氧治疗过程中,有的患者因呼吸微弱或气管切开等原因而无法佩戴面罩,只能采用连续供氧方式吸氧。为了使患者吸到浓度比较高的氧气,又不至于使舱内氧的体积分数上升太快,便采用吸氧头罩吸氧。头罩主体可用有机玻璃罩或透明软体密封罩等结构。使用时患者从头罩缺口处将头嵌入罩内,缺口罩在患者颈部或套在肩部,缺口用软体材料密封并加以修剪,按颈围尺寸来修剪。头罩因软材料密封而使罩内外相对隔开,头罩上设有进、排氧接口,分别接至连续供氧接口和排氧管接口。头罩有套肩吸排氧头罩和透明软体吸排氧头罩等几种。后者主要是针对以往的头罩佩戴不适,又不能在躺卧等各种姿态下吸氧而改进的一种软体新型头罩;前者主要是针对气管切开患者的佩戴需要而设计的吸氧装具。另外,近几年还推出了针对婴儿的婴儿氧罩,该氧罩将婴儿全身置入罩内,罩内外相对密封,罩上也设有进、排氧接口。原理与吸氧头罩相同,只是外形要比吸氧头罩大些。

# 7.5 排氧装置

氧气加压舱的排氧过程相对于空气加压氧舱较为简单,由于舱内人员直接呼吸舱内气体,呼吸产生的废气也直接排在舱内,因此可直接通过调节氧舱控制台上的排氧阀门,控制舱内的气体从排气管路流出舱外。

本节主要介绍空气加压氧舱的排氧装置。

## 7.5.1 排氧装置的分类

根据空气加压氧舱目前所用呼吸器的不同,与其相对应的排氧装置也有所不同,具体可分为两类:一类用于拉杆气囊式呼吸器(低阻力呼吸器)的排氧装置是阀门启闭控制,管道直接通至舱外,排氧动力由舱内外压差和呼气联合作用于呼气气囊及拉杆联动装置而产生;另一类是目前空气加压氧舱较普遍使用的流量计调节式。

## 7.5.2 排氧装置的组成

排氧装置由舱内和舱外 2 个部分组成,舱内部分主要由能容纳患者呼出气体的集气管及中间连接管路等组成。集气管的容积是否足够是决定舱内氧的体积分数高低的主要因素。通过计算和试验如发现集气管容积不够,应采取必要的补救措施,补救措施是通过接头连接使集气管的长度加长,直径变粗。

舱内集气管可以由一根组成,也可以是两根,两根中间用管路连接起来,再通向舱外。舱内集气管根据治疗人数和舱内布局的需要也可以由多根集气管组成。

集气管在舱内至少要有一个端头处于开口状态,其余不开口的端头可用带有拆装螺纹的集气管接头堵死。

排氧装置的舱外部分主要由连接管路、铜闸阀及流量计等组成。

### 7.5.3　排氧装置的工作原理

排氧装置的工作原理见图 7-2。

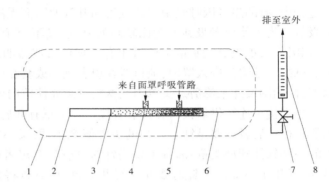

1—舱壁;2—集气管开口;3—假想平衡面;4—连接面罩呼气管的接口;
5—集气管;6—管路;7—流量调节阀;8—玻璃转子流量计。

**图 7-2　集气管排氧装置工作原理**

患者佩戴面罩呼气的一瞬间,呼出气体的压力略大于集气管内的压力,因此呼气进入集气管。由于集气管在舱内开口,与舱压相同,对舱外形成压差,所以大部分呼出气体通过集气管和流量计排至室外。仅有一小部分来不及排出的气体尚留在集气管内,使集气管内气体分布发生变化,氧的体积分数由大到小向集气管开口处延伸,集气管长度足够时,将有一假想平衡面在集气管内出现。假想平衡面至集气管开口处的这一区间为舱内压缩空气集储区;假想平衡面的另一侧则是氧的体积分数由低到高分布的废氧区。这些废氧在这里暂时储存,待下一吸氧周期在舱压的作用下,平衡面向高浓度区移动,使这部分储存的气体排出舱外,完成一个排氧周期。如此往返,使呼出的废气连续不断地排出舱外。只要假想平衡面的移动始终在集气管内进行,则废氧就不会流向舱内,舱内的氧的体积分数就会保持最佳状态。

舱内多人同时吸氧,呼出的废气进入集气管以及集气管内的废气向舱外排出这一过程则是无规则的,假想平衡面的往返移动也不是等距离有规则地进行,但集气管内的废气与舱外压差几乎一定,流量计将稳定地显示出排出废气量的平均值。只要假想平衡面的移动始终在管内进行,则多人吸排氧装置也会将舱内氧的体积分数指标控制在最佳状态。

### 7.5.4　排氧流量的调控

随着排氧流量大小的不同,排氧集气管开口处的气流状态也不同,根据对氧舱的实际考察,排氧集气管开口处的气流状态大约可总结成以下 3 种:

(1)排氧流量计开度过大,大量的舱内压缩空气通过集气管开口流向舱外,此时舱内氧的体积分数就不会升高,但舱室压力明显下降,舱内压缩空气损耗太多,即排废氧效率很低。

(2)排氧流量计开度过小,患者呼出的废氧来不及通过流量计全部排到舱外,而有一部分废氧则通过集气管的开口流入舱内,此时舱室压力逐渐上升,舱内氧的体积分数已经超标。

(3)排氧流量计开度适当,患者呼出的废氧几乎都能排到舱外,此时仅有适量的舱内压缩空气通过集气管开口流向舱外,舱内氧的体积分数处于达标允许状态,舱室压力仅有微量下降,舱内压缩空气损耗有限。

显然,氧舱排氧系统应调控在第 3 种状态。为达此目的,操舱时应据舱室工作压力及吸氧人数多少,初步寻找一个排氧流量,然后仔细观察舱室精密压力表指针的移动趋势,通过调节排氧流量计的控制阀门,使舱室压力处于连续缓慢下降状态,此时存储在集气管内的废氧靠舱内外的压差连续不断地排出舱外。

# 7.6　流量显示装置

## 7.6.1　氧气流量计

氧气流量计是用于指示氧气流量的仪表。氧舱所选用的流量计均为玻璃转子流量计。

### 7.6.1.1　主要结构

玻璃转子流量计主要由支承连接件、锥管、浮子三部分组成,见图 7-3。

(1)支承连接件。根据不同型号和口径,有法兰连接、螺纹连接、软管连接。

(2)锥管。一般用高硼硬质玻璃或有机玻璃制成。

(3)浮子(见图 7-4)。其中形状(a)主要用于气体,形状(b)主要用于液体大流量。浮子的材料视被测介质的性质和所测流量大小而定,有铜、铝、塑料和不锈钢等。浮子可制成空心的,也可制成实心的。

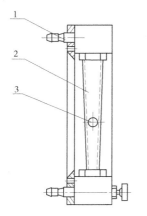

1—支承连接件;2—锥管;3—浮子。

**图 7-3　玻璃转子流量计**

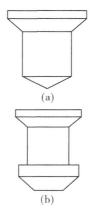

**图 7-4　浮子形式**

### 7.6.1.2　浮子读数及读数修正

流量计浮子在流体动力作用下浮动,浮动的位置(流量计刻度示值)不仅与浮子的质量、形状有关(见图7-5),还与流体介质在标准状态下的密度、介质的绝对压力和它的绝对温度有关。所以,对于任一给定的流量计,鉴于实际使用条件不同于刻度标定时的条件,例如介质不同、供氧前混合了二氧化碳气体、加了湿气等,则流量计的读数与实际流量发生变化。

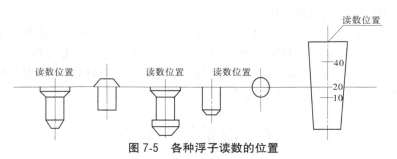

图 7-5　各种浮子读数的位置

### 7.6.1.3　流量计的规格选型

流量计的量程应根据肺呼吸的情况来选配,成人在安静时肺通气量在 10 L/min 左右,瞬时峰值可达 30 L/min。实际应用表明并不需要这么大的量程,这是由于实测的是脉动流量,多半只能反映一定起伏的流量。经验表明,多人氧舱每人用的供氧流量计,以量程 0.1~1.0 m³/h 为宜。需要注意的是,供氧流量计应能耐压 1 MPa,而呼气流量计只需 0.6 MPa 即可。

氧舱测氧仪的气体采样流量较小,仅为 0.3~0.4 L/min,可选用量程 0.1~1.0 L/min 的流量计。

### 7.6.1.4　流量计的安装、调试及使用要求

安装前认真核对流量计规格以及允许测量介质状况,如工作压力、工作温度、流量范围等是否符合要求,并对流量计进行仔细检查,以确定运输过程中是否损坏;对单独包装的浮子应谨慎启封,并检查外观有无损伤,浮子在锥管内是否移动灵活;流量计必须垂直安装使用,要求流量计中心线与铅垂线夹角不得超过5°,以防止产生附加外力而加大测量误差。

被测气体必须满足从仪表下端进入,上端排出的流程;对于新装的管路,在安装流量计前,应进行脱脂处理,将管道冲洗干净,并采用清洁的压缩空气或惰性气体吹干。流量计锥管内壁及浮子不允许有任何玷污,应定期进行清洗,保证仪表的使用精度。

## 7.6.2　吸氧动态显示装置

患者在氧舱内吸氧治疗时,大部分患者在治疗的全过程都能认真吸氧,而有的患者则会摘下面罩互相交谈,甚至有的因身体不适或吸氧阻力大等原因。

对于后两种情况,首先是患者的吸氧量不足而影响疗效,同时患者时常摘戴面罩,面罩内残留的高浓度氧会带到氧舱中来引起舱内氧的体积分数升高。为此,可在氧舱内配备能够反映出每一个患者呼吸状态的吸氧动态显示装置。医护人员根据该装置了解每一个患者的吸氧状态,对表现不符合要求者可随时予以督促纠正。

吸氧动态显示装置的工作原理:吸氧动态显示装置由相同的路器件所组成,每一路器

件又包括传感器、接线盒及显示部分,传感信号经舱内接线盒汇总后,提供给控制台上的显示部分,显示部分将根据临床治疗的需要,同时对六路吸氧对象的吸氧状态予以动态显示。

# 第 8 章　氧舱电气系统

## 8.1　电气基本知识

### 8.1.1　导体、半导体和绝缘体

#### 8.1.1.1　导体

导体,是容易导电的物体,即是能够让电流通过的材料。导体可以是固体、液体、气体等多种形式,常见的导体材料有铜、铝、铁等。

#### 8.1.1.2　半导体

半导体,指常温下导电性能介于导体与绝缘体之间的材料。半导体在收音机、电视机以及测温装置上有着广泛的应用。

#### 8.1.1.3　绝缘体

绝缘体,是指不容易导电的物体,即不易传导电流的材料。它们的电阻很大。绝缘体可以是固体、液体、气体等多种形式,常见的绝缘体材料有塑料、橡胶、玻璃、硅油、空气等。

绝缘体在某些外界条件,如加热、高电压等影响下,会被“击穿”,而转化为导体。在未被击穿之前,绝缘体也不是绝对不导电的物体。如果在绝缘材料两端施加电压,材料中将会出现微弱的电流。

#### 8.1.1.4　人体绝缘性

人体属于导体。不同人的人体电阻是不相同的;不同条件下,同一个人的人体电阻也是不相同的。一般情况下,人体电阻可按$(1\,000\sim2\,000)\,\Omega$考虑。

### 8.1.2　电流、电压和电阻

#### 8.1.2.1　电流

电流,是指电荷的定向移动。电流的大小称为电流强度,简称电流,符号为$I$,电流在国际单位制中的主单位是安培,简称安,用符号 A 表示。常用单位还有毫安(mA)、微安(μA)等,换算关系为

$$1\,A = 1\,000\,mA$$

$$1\,mA = 1\,000\,\mu A$$

#### 8.1.2.2　电压

电压,又称电势差或电位差,是衡量单位电荷在静电场中由于电势不同所产生的能量差的物理量(此概念与水位高低所造成的“水压”相似),符号为$U$。电压在国际单位制中的主单位是伏特,简称伏,用符号 V 表示。常用的单位还有毫伏(mV)、微伏(μV)等,换算关系为

$$1 \text{ V} = 1\,000 \text{ mV}$$
$$1 \text{ mV} = 1\,000 \text{ μV}$$

#### 8.1.2.3　电阻

电阻,是指物质对电流的阻碍作用,符号为 $R$,电阻在国际单位制中的主单位是欧姆,简称欧,符号为 Ω。常用的单位还有千欧(kΩ),换算关系为

$$1 \text{ kΩ} = 1\,000 \text{ Ω}$$

### 8.1.3　高压电、低压电、安全电压和安全特低电压

#### 8.1.3.1　高电压

高电压的定义为任何超过 1 000 V 交流或 1 500 V 直流或 1 500 V 峰值的电压。对高电压而言,即使人体不接触带电导体,只要人体与带电导体的距离小于规定的电气安全距离,那么同样会触电。

#### 8.1.3.2　低电压

低电压,是指峰值不超过 1 500 V 且不超过 1 000 V 的交流或不超过 1 500 V 的直流电压。对低压电而言,只要人体不接触带电导体,通常是不会触电的。

#### 8.1.3.3　安全电压

安全电压的定义为为防止触电事故而采用的由特定电源供电的电压系列。这个电压系列的上限值,在任何情况下,两导体间或任一导体与地之间均不得超过交流(50~500 Hz)有效值 50 V。

安全电压额定值的等级为 42 V、36 V、24 V、12 V、6 V。

安全电压的选用应根据作业场所、操作员条件、使用方式、供电方式、线路状况等因素进行。一般 42 V 用于手持电动工具;36 V、24 V 用于一般场所的安全照明;12 V 用于特别潮湿的场所和金属容器内的照明灯和手提灯;6 V 用于水下照明。

医用氧舱进舱电压选取 24 V 安全电压额定值等级。

### 8.1.4　交流电和直流电

#### 8.1.4.1　交流电

交流电,也称交变电流,简称 AC,用符号"~"表示。它是指大小和方向随时间作周期性变化的电压或电流。它的最基本的形式是正弦电流。

频率是表示交流电随时间变化快慢的物理量,符号为 $f$,频率在国际单位制中的主单位是赫兹,简称赫,符号为 Hz。我国交流电供电的标准频率规定为 50 Hz,这个频率也叫作工频。

#### 8.1.4.2　直流电

直流电,又称恒定电流,简称 DC,用符号"="表示。它是指方向和时间不作周期性变化的电流。直流电电流大小可能不固定,因而产生波形。

### 8.1.5　静电

静电,是一种处于静止状态的电荷。人们常常会碰到许多类似现象:晚上脱衣服睡觉

时,黑暗中常听到"啪啪"的声响,而且伴有蓝光;见面握手时,手指刚一接触到对方,会突然感到指尖针刺般刺痛,令人大惊失色;早上起来梳头时,头发会经常随梳子"飘"起来,越理越乱;拉门把手、开水龙头时都会"触电",发出"啪啪"的声响。这些都是产生于人体的静电在作怪。这些静电是人体活动时皮肤与衣服之间以及衣服与衣服之间互相摩擦而产生的。

静电的危害很多,一方面它会干扰电气设备的正常工作,甚至损坏电气设备。另一方面,可能因静电火花点燃某些易燃物体而发生燃烧甚至爆炸。静电是医用氧舱需重点控制的风险之一。对付静电,我们应该从"防"和"放"两方面着手。

防——采取诸如要求舱内使用的织物或进舱人员的穿着均须使用纯棉制品或防静电织物等措施来预防静电积聚。

放——增加舱内湿度,使局部的静电容易释放;安装人体静电导出装置,将产生于人体的静电利用设置的静电接地通道予以释放。

## 8.1.6　相线(火线)、中性线(零线)和地线

通常在低压电网中采用三相四线制输送电力。由线圈始端引出的三条导线,即 A—A、B—B、C—C 线,称为相线,也称为火线。三相线圈的公共点,称为中性点,由中性点引出的导线,即 O—N 线,称为中性线。由于当三相平衡时中性线中没有电流,而且通常中性点直接或间接与大地相连,从而使中性线电压接近于零,因此中性线也称为零线。三根相线中的任意两根提供,照明电(AC 220 V)即由一根相线和一根零线提供。

为了保证用电安全,通常采用三相五线制供电,这第五根线,即 PE,就是地线。地线是把设备或用电器外壳可靠连接于大地的线路,它的一端在用电气设备所在区域附近用金属导体深埋于地下,另一端与各用电器的地线接点相连,起接地保护的作用。

依据我国现行标准使用导线颜色标志电路时,一般相线 A 相为黄色,B 相为绿色,C 相为红色。零线为淡蓝色。地线为黄绿相间。如果是单相三眼插座,左边是零线,中间(上面)是地线,右边是火线。

## 8.1.7　绝缘的分类及检测

### 8.1.7.1　基本绝缘
基本绝缘的定义为用于带电部分上对电击起基本防护的绝缘。

### 8.1.7.2　辅助绝缘
辅助绝缘的定义为附加于基本绝缘的独立绝缘,当基本绝缘失效时由它来提供对电击的防护。

### 8.1.7.3　双重绝缘
双重绝缘的定义为由基本绝缘和辅助绝缘组成的绝缘。

### 8.1.7.4　加强绝缘
加强绝缘的定义为用于带电部分的单绝缘系统,它对电击的防护程度相当于双重绝缘。

#### 8.1.7.5　电介质强度试验

具有安全功能的绝缘需要承受电介质强度试验进行评价。该试验的试验设备为耐压强度测试仪。使用该设备,用规定的试验方法,将试验电压加载在被测绝缘上,要求历时 1 min 无闪络或击穿。《医用电气设备 第 1 部分:安全通用要求》(GB 9706.1)还特别指出电介质强度试验不应重复进行。不同基准电压下应采用的电介质强度试验电压见表 8-1。

表 8-1　不同基准电压下应采用的电介质强度试验电压　　　　　　　　单位:V

| 基准电压 | $U \leqslant 50$ | $50 < U \leqslant 150$ | $150 < U \leqslant 250$ | $250 < U \leqslant 1\ 000$ |
|---|---|---|---|---|
| 基本绝缘 | 500 | 1 000 | 1 500 | $2U+1\ 000$ |
| 辅助绝缘 | 500 | 2 000 | 2 500 | $2U+2\ 000$ |
| 加强绝缘和双重绝缘 | 500 | 3 000 | 4 000 | $2(2U+1\ 500)$ |

不难看出,通常 Ⅱ 类设备电介质强度试验电压要高于 Ⅰ 类设备,以常见 AC 220 V 医用电气设备为例,Ⅰ 类设备需进行 1 500 V 电介质强度试验,而 Ⅱ 类设备需进行 4 000 V 电介质强度试验。因此,所谓"Ⅰ 类设备比 Ⅱ 类设备更先进"的说法,是完全错误的。实际上,医疗器械制造商在确定其产品类型时,通常会依据其最终用户可提供的最低使用条件进行确定,当所有最终用户皆能提供安全有效的保护接地时,可确定设备类型为 Ⅰ 类设备;若有部分最终用户无法提供安全有效的保护接地,则考虑选择设备类型为 Ⅱ 类设备或内部电源设备。

### 8.1.8　Ⅰ 类设备、Ⅱ 类设备和内部电源设备

医疗器械按防电击类型可分为外部电源供电设备和内部电源供电设备,外部电源供电设备可分为 Ⅰ 类设备和 Ⅱ 类设备。

#### 8.1.8.1　Ⅰ 类设备

Ⅰ 类设备对电击的防护不仅依靠基本绝缘,而且还提供了与固定布线的保护接地导线连接的附加安全预防措施,使可触及金属部分即使在基本绝缘失效时也不会带电。Ⅰ 类设备最易分辨的特点是连接包含保护接地线在内的网电源。

GB 9706.1 对"可触及金属部分"的定义为"不使用工具即可接触到的设备上的金属部分"。因此,进行相关检测时,所有不用工具可打开的盖、门皆须打开。

#### 8.1.8.2　Ⅱ 类设备

对电击的防护不仅依靠基本绝缘,而且还有如双重绝缘或加强绝缘那样的附加安全预防措施,但没有保护接地措施,也不依赖于安装条件的设备。Ⅱ 类设备最易分辨的特点是连接不包含保护接地线在内的网电源。

#### 8.1.8.3　内部电源供电设备

内部电源供电设备是能以内部电源进行运行的设备。内部电源供电设备最易分辨的特点是不连接网电源。

### 8.1.9　B 型应用部分

医疗器械按防电击程度可分为 B 型应用部分设备、BF 型应用部分设备、CF 型应用部分设备。

#### 8.1.9.1　应用部分

GB 9706.1 对"应用部分"的定义为"正常使用的设备的一部分",其特点为"设备为了实现其功能需要与患者有身体接触的部分或可能会接触到患者的部分或需要有患者触及的部分"。简单地说,应用部分是设备使用中,患者可触及或可能触及的部分。

#### 8.1.9.2　B 型应用部分设备

B 型应用部分设备是对电击有特定防护程度的设备。医用氧舱基本都属于 B 型应用部分设备。

### 8.1.10　漏电流

漏电流的定义为非功能性电流,包括外壳漏电流、对地漏电流和患者漏电流。

#### 8.1.10.1　外壳漏电流

外壳漏电流的定义为在正常使用时,从操作者或者患者可触及的外壳或外壳部件(应用部分除外),经外部导电连接而不是保护接地导线流入大地或外壳其他部分的电流。

#### 8.1.10.2　对地漏电流

对地漏电流的定义为由网电源部分穿过或跨过绝缘流入保护接地导线的电流。

#### 8.1.10.3　患者漏电流

患者漏电流的定义为从应用部分经患者流入地的电流,或者由于在患者身上出现一个来自外部电源的非预期电压而从患者经 F 型应用部分流入地的电流,起防电击作用的电气绝缘应有良好的性能,以使穿过绝缘的电流被限制在规定的数值内。

漏电流试验设备是漏电流测试仪。GB 9706.1 对设备正常状态和单一故障状态下的对地漏电流、外壳漏电流、患者漏电流及患者辅助电流的检测方法及容许值进行了界定。

单一故障状态的定义为设备内只有一个安全方面的防护措施发生故障,或只出现一种外部异常情况的状态。

### 8.1.11　保护接地和静电接地

保护接地和静电接地是两个不同且容易混为一谈的概念。虽然它们同为"接地",但由于其所需实现功能的差异,其实施要求也有所不同。

#### 8.1.11.1　接地体

接地体,是指埋入大地中并直接与大地接触的金属导体,例如专设的保护接地装置、直接与大地接触的金属构件、金属管、钢筋混凝土建筑物的基础、金属管道等。

#### 8.1.11.2　保护接地

保护接地,是为防止电气装置的金属外壳、配电装置的构架和线路杆塔等带电危及人身和设备安全而进行的接地。所谓保护接地就是将正常情况下不带电,而在绝缘损坏或其他情况下可能带电的电器金属部分(与带电部分相绝缘的金属结构部分)用导线与接地体可靠连接起来的一种保护接线方式。医用氧舱保护接地通常采用人工敷设接地体,并要求保护接地电阻不大于 4 Ω。

在氧舱安装及使用过程中,保护接地装置起着非常重要的作用,是氧舱安装监检和氧舱 1 年期首次检验的必检项目。氧舱接地是指氧舱电气设备的金属壳体与舱体进行电气连接后,与土壤间作良好的电气连接。与土壤直接连接的金属体或金属体组,称为接地体或接地极。连接于接地体与氧舱舱体之间的导线,称为接地线。接地线和接地体合称为接地装置。接地线可分接地干线和接地支线。

### 8.1.11.3　静电接地

静电接地,是为了防止设备或人体静电聚集而进行的接地。由于静电的特性,相对于保护接地而言,静电接地要求要低得多。《防止静电事故通用导则》(GB 12158)规定静电接地电阻通常状况不应大于 $1×10^6$ Ω;通常状况人工敷设的静电接地体电阻值不应大于 100 Ω,在山区等土壤电阻率较高的地区,接地电阻值不大于 1 000 Ω。因此,许多静电接地线路中会刻意串联一个约 1 MΩ 的电阻,或是在静电泄放通道上设置一个约 1 MΩ 的限流装置,即为了在进行静电泄放时,限制静电放电电流,确保不会因电流过大而伤人或是击穿电子器件。保护接地装置示意见图 8-1。

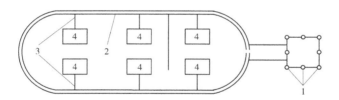

1—接地体;2—接地干线(舱体);3—接地支线;4—电气设备图。

**图 8-1　保护接地装置示意**

除人工敷设静电接地体外,直接与大地接触的金属构件、金属管、钢筋混凝土建筑物的基础、金属管道等接地体在医用氧舱静电接地中也经常被采用。在使用这些静电接地方式时,应在确保接地电阻符合静电接地要求的同时,注意选取接地体的安全性。例如采用《氧舱》(GB/T 12130—2020)中提出的金属水管接地时,在确认金属水管的安全性(例如是否有带电可能)以前,简单将医用氧舱静电接地端子和金属水管相连接,是存在安全风险的。此外,还应注意接地体的可靠性,关注接地条件的变化对接地可靠性的影响,例如采用自来水管进行静电接地时,系统供水情况可能会对静电接地可靠性造成影响。最后需要注意的是,可燃液体或气体管道禁止作为静电接地体。

## 8.1.12　直接触电和间接触电

常见的触电形式有两种——直接触电和间接触电。

### 8.1.12.1　直接触电

直接触电,是指人体因直接接触电气设备或电气线路的带电部分所造成的触电。

当人体直接碰触用电装置的某相时,电流经人体流入大地,这种直接电击称单相触电。人体同时碰触带电装置中的两相导电体,电流从一相导体通过人体流入另一相导体,这种直接电击称两相触电,两相触电较单相触电更为危险。当人体碰触电压 380 V 时,流入人体的电流约为 200 mA,这样大的电流通过人体时间不足 0.2 s 就会致人死亡。

#### 8.1.12.2　间接触电

间接触电有两种,一种是电气设备及线路绝缘降低或绝缘破损,其内部带电部分向不带电的金属外壳部分漏电,当人体接触到这种故障带电金属外壳时发生的触电。还有一种是三相四线中的 PEN 线断线,由于三相负荷不平衡,PEN 线和电气设备外壳对地带电位。此对地电位的高低取决于负荷侧三相负荷不平衡的程度,不平衡负荷越大,对地电位越高。

医用氧舱交付使用时,其设计和制造皆需经过国家质监部门的审查监督,可有效控制触电风险。因此,在日常作业中,控制氧舱触电风险最应关注的是依据作业规程进行氧舱操作和维护。

### 8.1.13　电击和电伤

#### 8.1.13.1　电击

电击,是指电流造成人体内部伤害,即内伤。绝大多数触电死亡事故都是电击造成的。

#### 8.1.13.2　电伤

电伤,是指电流造成电灼伤,即外伤。主要是电对人体外部造成的局部伤害。

#### 8.1.13.3　伤害程度与电压、电流的关系

不论高压触电还是低压触电,对人体都是危险的,但使人致死的因素是通过人体电流的大小,而不是电压的高低。因为当人体处于潮湿或浸水的条件下,皮肤电阻显著下降,此时即使在 36 V 电压下,电流也会远远超过人体的安全电流(男性一般为 9 mA,女性为 6 mA)。

#### 8.1.13.4　伤害程度与通电时间的关系

电流通过人体的时间愈长,则伤害愈大。

#### 8.1.13.5　伤害程度与通电频率的关系

从对人体伤害的作用看,直流电的伤害较交流电轻,高频交流电较工频交流电轻。电流频率在 40~60 Hz 对人体的伤害最大。如果频率超过 1 kHz,其危害性显著减小。频率在 20 kHz 以上的交流小电流,对人体已无危害,所以可用于理疗。

#### 8.1.13.6　伤害程度与电流路径的关系

电流的路径通过心脏会导致神经失常、心跳停止、血液循环中断,危险性最大。其中电流流经从右手到左脚的路径是最危险的。

### 8.1.14　漏电保护器

漏电保护器,也称剩余电流保护器或触电保护器。

漏电是指电器绝缘损坏或其他原因造成导电部分碰壳,如果电器的金属外壳是接地的,那么电就由电器的金属外壳经大地构成通路,形成漏电流。当人体接触到上述的漏电

设备时,会发生触电。漏电保护器的作用就在于它能够检测到漏电电流,当这个电流达到或超过它的动作电流时,漏电保护器开关就能够自动跳闸切断电源,使触电者脱离电源而获救。

### 8.1.15　隔离变压器

隔离变压器俗称安全变压器,是医用氧舱常用的电气隔离装置。隔离变压器的原理和普通变压器的原理是一样的,都是利用电磁感应原理。但隔离变压器有一个最大特点——二次侧任一根线与地绝缘。隔离变压器通常是 1:1 的变压器,但也有可变压的隔离变压器,例如将 220 V 的交流电压变成交流 15 V。

隔离变压器的主要作用为:

(1)由于一次侧与二次侧的电气完全绝缘,也使回路隔离,从而使各种杂波减少了。另外,利用其铁芯的高频损耗大的特点,也可抑制高频杂波传入控制回路。因此,使用隔离变压器可有效减少线路干扰。

(2)由于二次侧回路和地之间没有电位差,即便有人手握二次侧任意一根线,也不会触电,因此使用隔离变压器可有效提高设备使用的安全性。为了便于理解,假设现在有 220 V 的干电池,人用手去接触任何一极然后与大地相连,这是不会有安全问题的。同样道理,隔离变压器隔离了参考点(地),从而使二次侧任意一根线与地之间不存在压降,比如隔离变压器输出 220 V 电压,只要保证这两根线不与大地接触,那么手握任何一根与大地相连时,就不会有安全问题。需要注意的是,人体不能同时触及两根线,否则会发生触电。

## 8.2　氧舱电气专用要求

### 8.2.1　空气加压氧舱电气相关要求

《氧舱》(GB/T 12130)所定义的医用空气加压氧舱是指加压介质为空气,最高工作压力不大于 0.3 MPa 的氧舱。该标准电气相关条款的要求有:

(1)采用电动操作的外开门,安全连锁装置应保证舱内有压力时自动切断电动控制系统的电路。

(2)设有电动操作的舱门应配置手动操作机构。手动开门的时间不得超过 1 min。

(3)配有遥控操舱和(或)自动操舱的气动或电动调节阀门的氧舱,还应在控制台上配置手动操作机械阀门。

(4)氧舱每个治疗舱室应在控制台上配置不少于 1 台带有记录仪且示值误差不大于±3%的测氧仪。电化学式测氧仪的氧传感器寿命应不低于 1 年。

(5)舱内氧的体积分数越限时,测氧仪应同时发出声、光两种信号报警,其报警误差不应超出±1%。

(6)氧舱每个舱室应在控制台上配置舱内温度监视仪表,温度仪表示值误差不大于±2 ℃,温度传感器应置于舱室两侧的中部装饰板外,并设置防护罩。

（7）氧舱治疗舱应设置空调系统,空调控制部分应安装在控制台上。空调系统的电机应设置在舱外。舱内温度值应控制在 18~26 ℃,温度变化率应不大于 3 ℃/min。

（8）氧舱在最高工作压力下,空调系统的电机应满足:在额定电压的 90% 时能启动,在额定电压的 110% 时不过载。空调系统的电机应配备相应的短路及过载保护装置。

（9）舱内禁止安装采用电辅助加热的设备。

（10）氧舱照明应采用冷光源外照明。舱内平均照度应不小于 60 lx,多人氧舱照度不均匀度应不大于 60%。

（11）氧舱控制台与各舱室之间应配置双工对讲通信系统和应急呼叫装置。应急呼叫装置的舱内按钮应采用无电气触点式按钮,在控制台上应设置声光信号发生装置,在按动舱内按钮时应持续发出声光报警信号,声光信号应只能由操作人员在控制台上切断。

（12）氧舱应配置带有过放电保护的应急电源装置,当正常供电网路中断时,该电源能自动投入使用,保持应急呼叫、应急照明、对讲通信和测氧仪的正常工作时间不少于 30 min。

（13）氧舱接地装置的接地电阻值应不大于 4 Ω。舱体与接地装置之间应用镀锌扁（圆）钢可靠连接,在舱体和接地装置的连接处应附有接地符号标记"⏚"。

（14）氧舱的电源输入端与舱体之间应能承受 50 Hz、1 500 V 正弦波试验电压,历时 1 min 无闪络和击穿现象。

（15）氧舱若配置生物电插座,生物电插座各插针（接线柱）之间、各插针（接线柱）与舱体间的绝缘电阻应不小于 100 MΩ。

（16）氧舱设备的对地漏电流在正常状态下应不大于 5 mA,在单一故障状态下应不大于 10 mA。

（17）不用电源软电缆或软电线的氧舱,其保护接地端子和为保护目的而与该端子相连接的任何其他部分之间的阻抗,应不大于 0.1 Ω。

（18）使用电源软电缆或软电线的氧舱,其网电源插头的保护接地脚和为保护目的而与该点相连接的任何其他部分之间的阻抗,应不大于 0.2 Ω。

（19）氧舱进舱电压不应高于 24 V。

（20）氧舱进舱导线不得有中间接头,导线应敷于金属保护套管内,管口处设防磨塞。舱内导线与舱内电器的接点应焊接并裹以绝缘材料。

## 8.2.2　医用氧气加压舱电气相关要求

《氧舱》（GB/T 12130）所定义的医用氧气加压舱是指加压介质为氧气,最高工作压力不大于 0.3 MPa 的氧舱。该标准电气相关条款的要求有:

（1）设有电动机构或气（液）动机构传动的舱门应同时配置备用手动操作机构。手动开门应能够在无传动能源的情况下进行,门的开启时间不得超过 1 min。

（2）氧舱控制板上应设有指示氧舱内氧的体积分数的测氧仪,其满量程为 100%,基本误差应不大于 3%。测氧管路应设有定标采样接口。控制板上设有采样流量计,采样流量计的满量程不大于 1 L/min。

（3）氧舱进舱的电气设备应只限于通信设备（婴幼儿舱可不设）、检测传感组件和生理监护传感组件。进舱电气设备的电压应不大于 24 V，总功率应不超过 0.5 W。

（4）成人氧舱应配置双工对讲通信系统及应急呼叫装置，应急呼叫装置的声光信号应只能由操作人员在控制台上切断。双工对讲通信系统和应急呼叫装置应配置应急供电电源。氧舱供电中断时，应急供电电源应能自动投入使用，并维持双工对讲通信系统和应急呼叫装置持续工作时间不少于 20 min。

（5）氧舱内电气设备的导线与电器间的接点应采用焊接连接，且不应有松动现象。

（6）氧舱内导线应采用铜芯线，导线不应有中间接头，氧舱内导线（静电接地线除外）应带有保护套管，保护套管距设备进线口的距离应不大于 50 mm。

（7）氧舱内电气组件和导线应隐蔽设置，以避免病员触及，但应便于电气组件的检查。

（8）对于配置生物电插座的氧舱，生物电插座各插针（接线柱）之间的绝缘电阻和各插针（接线柱）对舱体的绝缘电阻均应不小于 100 MΩ，测量时应选用精度不低于 1 级、满量程为 250 MΩ 的兆欧表，试验电压为 250 V。

（9）对于选用 GB 9706.1—1995（该标准最新版为 GB 9706.1—2007）中定义的 I 类设备中用电源软电缆或软电线的设备，其网电源插头中的保护接地脚与为保护目的而与该点相连接的所有可触及金属部件之间的阻抗不应超过 0.2 Ω；不用电源软电缆或软电线的设备，其保护接地端子与为保护目的而与该端子相连接的所有可触及金属部件之间的阻抗，不应超过 0.1 Ω。测量阻抗时应选用量程为 0.5 Ω 的接地电阻测试仪。

（10）对于具有防电击安全绝缘要求的氧舱，由网电源穿越绝缘流入保护接地导线的漏电流或设备可触及外壳的对地漏电流，应符合 GB 9706.1—1995 中第 19 章的规定。测量时应使用漏电流测试仪。

（11）对具有防电击安全绝缘要求的氧舱，应使用交流耐压测试仪测量电源输入端与机壳（控制台）之间的绝缘强度，并应符合 GB 9706.1—1995 中第 20 章的规定。

（12）氧舱内应设静电接地通道，使病员人体或氧舱内抗静电织物可通过导体或导线经通道与舱外接地端子导通，导线应采用挠性铜芯线，导线和导体截面面积应不小于 1 mm²。

（13）氧舱外部静电接地线与金属水管路或单独的接地柱连接，接地线采用的导线或导体的要求与上述（12）相同。

（14）氧舱控制板上应设有指示氧舱内温度的显示器。温度传感器应设置在氧舱内的中下方，并设置防护罩。

# 8.3　氧舱配电系统

## 8.3.1　常用电源种类

### 8.3.1.1　AC 380 V 电源

多人舱的电源通常采用 50 Hz、AC 380 V 三相四线绝缘制供电。该电源通常由医院总配电站直接供给。医院供电除来自市电供电外，通常还备有应急柴油发电机组。柴油发电机组发电和市电一致,亦为交流 50 Hz 380 V 三相四线制。

### 8.3.1.2　AC 220 V 电源

多人舱的控制台以及单人舱通常采用 50 Hz、AC 220 V 单相双线绝缘制供电。单人舱所采用的 AC 220 V 电源通常直接由医院照明线路取电。多人氧舱控制台所采用的 AC 220 V 电源通常由氧舱配电板供给,并经过 1∶1 隔离变压器隔离后,经配电系统输送至控制台。

### 8.3.1.3　DC 24 V 电源

医用氧舱所使用仪器仪表、传感元器件通常采用 DC 24 V 双线绝缘制供电,同时 DC 24 V 也是进舱设备最常用的电源制式。

DC 24 V 电源通常由 AC 220 V/DC 24 V 开关电源生成。

### 8.3.1.4　UPS

UPS 即不间断电源,按工作原理 UPS 可分为后备式 UPS、在线式 UPS 与模块化 UPS 三大类。

1. 后备式 UPS

后备式 UPS 具备自动稳压、断电保护等最基础、最重要的功能,虽然存在 10 ms 左右的转换时间,而且逆变输出的交流电是方波而非正弦波,但由于其结构简单、价格便宜,因此使用最普遍。

2. 在线式 UPS

在线式 UPS 结构较复杂,但性能完善,能解决所有电源问题,其显著特点是能够持续零中断地输出纯净正弦波交流电,能够解决尖峰、浪涌、频率漂移等全部的电源问题。

医用氧舱系统通常使用的 UPS 即为这种在线式 UPS。

3. 模块化 UPS

模块化 UPS 与传统 UPS 相比有诸多优点,代表 UPS 的发展方向之一。模块化 UPS 电源的系统结构极具弹性,功率模块的设计概念是在系统运行时可随意移除和安装而不影响系统的运行及输出。用户在初期预计 UPS 容量时,时常会出现低估或高预计等情况,模块化 UPS 电源可有效解决以上问题,帮助用户在未来发展方向尚不明确的情况下分阶段进行建设和投资。当用户负载需要增加时,只需根据规划阶段性地增加功率模块即可,从而使投资规划实现"随需扩展",让用户随业务发展实现"动态成长",既满足了后期设备的随需扩展,又降低了初期购置成本。

## 8.3.2　配电系统

### 8.3.2.1　AC 380 V 配电系统

通常氧舱电源为医院总配电站直接供给的三相四线绝缘制系统(AC 380 V),并通过总断路器向医用氧舱各用电系统或设备供电。氧舱制造商在氧舱工作区设置专用保护接地柱,作为氧舱保护接地线。

氧舱系统常见三相动力用电设备为空压机,每台空压机都需分别设置一个合适的断路器。

#### 8.3.2.2　AC 220 V 配电系统

氧舱 AC 220 V 电源分为常规 AC 220 V 供电、隔离变压器 AC 220 V 供电和应急 AC 220 V 供电三类。

常规 AC 220 V 供电由三相电源线中的 1 根相线和零线形成单相双线 AC 220 V 供电，配电需要注意的是应尽可能平衡各相负载。氧舱系统常见的常规 AC 220 V 供电设备主要有消防水泵和空调主机等设备。

隔离变压器 AC 220 V 供电由三相电源线中的 1 根相线和零线形成单相双线 AC 220 V 经过隔离变压器隔离后供电，用于给控制台供电。氧舱系统常见的隔离变压器 AC 220 V 供电设备主要有正常照明、视频监视系统、空调风机、温控仪、定时器等设备。

应急 AC 220 V 供电通常由隔离变压器 AC 220 V 供电经 UPS 后供电。氧舱系统常见的应急 AC 220 V 供电设备主要有应急照明、应急呼叫装置、测氧仪、对讲机、计算机等设备。

#### 8.3.2.3　DC 24 V、DC 12 V、DC 5 V 配电系统

由于 DC 24 V、DC 12 V、DC 5 V 设备通常为控制机构、传感器、仪器仪表等安全相关设备供电，因此通常由应急 220 V 经开关电源变压供电。

#### 8.3.2.4　电缆选用

氧舱配电系统的电缆应选用具有阻燃特性、适宜特殊环境中工作的电缆，应具备足够的电源线截面面积。电源线截面面积选用要求如表 8-2 所示。

表 8-2　电源线截面面积

| 设备额定电流/A | $I \leq 6$ | $6 < I \leq 10$ | $10 < I \leq 16$ | $16 < I \leq 25$ | $25 < I \leq 32$ | $32 < I \leq 40$ | $40 < I \leq 60$ |
|---|---|---|---|---|---|---|---|
| 电源线截面面积/mm$^2$ | 0.75 | 1 | 1.5 | 2.5 | 4 | 6 | 10 |

# 8.4　氧舱照明设备

## 8.4.1　氧舱照明要求

### 8.4.1.1　冷光源要求

氧舱在工作时，随着舱内压力升高，舱内氧分压也升高，舱内发生火灾的风险也随之升高，即使外照明，对照明舱有机玻璃寿命影响较大，因此 GB/T 12130 要求氧舱照明采用冷光源。

我们常见的如白炽灯、弧光灯等灯具是利用热能激发的光源，其工作原理是将电能转化为热能，再将热能转化为光能，发热量很大、热能损耗较高、发光效率较低。例如白炽灯的耗能中仅有 10% 左右的能量转换为光能，而其余 80%~90% 能量转换成了热能。

冷光源是根据萤火虫的发光原理发明，是利用化学能、电能、生物能激发的光源，例如霓虹灯等。其工作原理是在电场作用下，产生电子碰撞激发荧光材料，从而发光。冷光源工作时发热量低，避免了因热量积累而产生的一系列问题。

#### 8.4.1.2　照度要求

氧舱照明是为了保证操舱人员操舱全过程中,清楚观察舱内每位病员的情况。依据 GB/T 12130 的规定,氧舱照明应实现平均照度不小于 60 lx,不均匀度不大于 60% 的照明要求。

#### 8.4.1.3　外照明方式要求

GB/T 12130 要求氧舱的照明方式为外照明。

通常氧舱设置有照明窗,其材质为耐压透明有机玻璃,与观察窗相比,照明窗透光直径较大。氧舱外照明即是将照明灯具放在舱外,通过照明窗向舱内照明。

### 8.4.2　氧舱照明系统

氧舱照明系统由正常照明和应急照明两部分组成。氧舱冷光源照明目前有以下 3 种形式。

#### 8.4.2.1　荧光节能灯照明设备

医用氧舱所采用的冷光源照明灯具通常为低功率的紧凑型荧光节能灯。常见有 3 种安装方式:第 1 种是设置照明窗,将灯具固定在照明窗外;第 2 种是内嵌式,它将灯具和导线放在密闭、耐压的隔离罩内,然后置于舱内平顶装饰层,这种方式的优点是舱上不需要开设大的照明窗孔,而且制造费用低、舱内照度高;第 3 种是在舱体上设置可移动的灯架,根据需要移动灯具,借用观察窗进行照明,这种方式常用于安全改造后的旧氧舱。

冷光源照明设备具有造价低、维修方便等优点,其缺点在于尽管采用了发热量低的冷光源,但依旧无法避免灯具发热。因此,安装氧舱外照明灯具时应注意灯具不宜紧贴在照明窗,应留有适当的间隙,便于散热,以防止玻璃加速老化。

#### 8.4.2.2　光导纤维照明系统

由于冷光源照明设备无法避免对有机玻璃窗产生的光热效应,因此光导纤维照明技术被引入医用氧舱领域。采用光导纤维照明,可通过通舱导光管引光入舱,因此可将灯具远离氧舱,避免其产生的热量对氧舱的不利影响。虽然光导纤维照明具有很多优点,但由于其造价较高,目前尚未普及。

1. 光导纤维照明系统的组成

光导纤维照明系统由光源发生器、光导纤维和照明灯具等部分组成。

通常为了提高舱内照明的均匀度,每套设备分为多个分支束,从而可在舱内均匀布置多组加装有光线散射装置的光照点,可实现舱内 100 lx 以上平均照度,且不均匀度可小于 40%。

此外,通常每套光导纤维照明设备在控制台上均安装有 1 套光线调节旋钮和风机故障显示装置。

2. 注意事项

光导纤维照明系统中的光源发光体通常为卤钨灯。如果电压过高或波动较大,都对卤钨灯有一定损害,因此应在线路上安装稳压装置。

光源控制器设置的位置应尽可能靠近被照目标,以免过长的光纤引起亮度减弱,建议光源位置和照明位置之间实际长度不超过 30 m。

光纤的最小弯曲半径通常为光缆线径的 4 倍,超过该限值受到外力时就会漏光,影响光线在光导纤维中全反射。

### 8.4.2.3　发光二极管照明设备

发光二极管是一种固态的半导体器件。它可以直接把电能转化为光能。第一个商用二极管产生于 1960 年。LED 是它的英文字母缩写。LED 属于固态冷光源,具有电光转换效率高,耗电量和发热量非常小(约为普通节能灯的几十分之一),工作电压属安全电压,使用寿命长等优点。

# 8.5　氧舱通信系统

氧舱通信系统通常包括对讲机和应急呼叫装置两部分。

## 8.5.1　对讲机

对讲机是舱室内外通信对讲的主要通信仪器。

对讲机的工作方式可分为单工方式和双工方式两种。单工方式是同一时刻只能进行单向通信——舱内向舱外送话,只能舱内说话舱外监听;舱外向舱内送话,只能舱外说话舱内监听,使用转换按键切换送话方向。而采用双工方式无须切换,可同时进行双向对讲。显然,双工方式更适合医用氧舱系统。

氧气加压氧舱由于限制进舱功率不超过 0.5 W,因此通常配置的对讲机体积较小、形式简单、功能单一。

空气加压氧舱可选用的对讲机种类繁多、功能齐全,通常具备多路广播、单路对讲、定向监听等功能。有的对讲机音质较好,还可兼作背景音乐系统。此外,部分对讲机还具备交、直流电源自动切换功能,当出现停电状况时,通过备用直流电源仍可进行正常对讲。

对讲机使用注意事项:

(1)空气加压氧舱的对讲机应具备应急电源支持,应急对讲时间不少于 30 min。

(2)舱内导线应穿管敷设,导线接头应采用焊接加密封套管形式加以保护。

(3)舱内安装的喇叭、话筒等电器组件,不能安装在不可拆卸的装饰板内,而应便于检修及更换。

(4)注意舱内喇叭、话筒的安装位置,应有利于每一位患者的方便使用。

## 8.5.2　应急呼叫装置

应急呼叫装置是在对讲机出现故障时的一种辅助通信手段,采用预先约定的蜂鸣信号,以蜂鸣器的断续声响为信号,达到舱内外交流的目的。

应急呼叫装置的舱内按钮及蜂鸣器应符合本质安全型电路的要求;应急按钮应采用固态继电器制成。固态继电器是一种全部由固态电子元器件组成的新型无触点开关器件,可达到无触点、无火花地接通或断开电路的目的,亦称为"无触点开关"。

当舱内人员按下信号盒呼叫按钮时,舱内信号盒上送路呼叫指示灯亮(绿色),表示呼叫声发出;此时,控制台上应急呼叫主机相应回路呼叫指示灯亮(红色),并且蜂鸣器发出蜂鸣。当操舱人员关注到呼叫信号后,按下相应呼叫按钮,主机相应送路呼叫指示灯亮(绿色),表示呼叫声发出;此时,相应舱内信号盒回路呼叫指示灯亮(红色),蜂鸣器发出蜂鸣声。

# 8.6　氧舱视频监视系统

医用氧舱视频监视系统用于操舱人员实时观察舱内情况,同时可实现舱内高压氧治疗情况视频记录。

## 8.6.1　视频监视系统常用设备

视频监视系统由监视器、摄像机、信号处理设备以及控制设备组成。以下我们介绍视频监视系统常用设备。

### 8.6.1.1　监视器

目前,许多正在使用的监视系统使用电视机代替监视器,实际上从某种意义上说电视机与监视器在功能上是一致的,但品质上确有很大区别。监视器主要分为黑白和彩色两大类。监视器视频信号的带宽一般在 7~8 MHz 范围内。黑白监视器的中心分辨率通常可达 800 线以上,彩色监视器的分辨率一般为 300 线以上。所以,许多对监视品质要求较高的场合,皆使用黑白监视器。

### 8.6.1.2　摄像机

摄像机可将被摄物体的图像形成视频信号并输出。评估摄像机分辨率的指标是水平分辨率,其单位为线对,即成像后可以分辨的黑白线对的数目。常用的黑白摄像机的分辨率一般为 380~600 线,彩色为 380~480 线,其数值越大成像越清晰。一般的监视场合,用 400 线左右的黑白摄像机就可以满足要求。而对于图像处理等特殊场合,需用到 600 线的摄像机以得到更清晰的图像。

大多数氧舱监视系统皆采用普通彩色摄像机。

### 8.6.1.3　镜头

摄像机镜头就光圈而言可分为手动光圈镜头及自动光圈镜头两种,就焦距而言又可分为定焦镜头及变焦镜头两种。手动、自动光圈镜头的选用取决于使用环境的照度是否恒定。定焦、变焦镜头的选用取决于被监视场景范围的大小,以及所要求被监视场景画面的清晰程度。

### 8.6.1.4　视频放大器和视频分配器

当视频信号经长距离电缆传输后,高频成分衰减严重,造成图像分辨率下降。可采用视频放大器对视频信号进行适当的补偿放大,可较好地保证图像质量。

还有一类视频放大器可将视频信号放大后分为几路输出,这类视频放大器也称为视频分配器。

使用视频切换器解决监视点数量与监视器数量间的差异实时性较差,画面分割器可实现全景实时监视,即让所有的摄像机信号都能显示在监视器屏幕上。

画面分割器分为 4 画面分割器、9 画面分割器及 16 画面分割器 3 种。使用多画面分割器不仅可在一台监视器上同时观看多路摄像机信号,而且还可以用一台录像机同时录制多路视频信号。

### 8.6.1.5　长延时录像机

长延时录像机实质上是一台专用计算机。可以连续录像 24~960h,并可实现录像资料数据检索,清楚地查询各个现场的历史状态。

### 8.6.1.6　模拟控制器

模拟控制器可对云台、镜头发送控制指令。控制云台进行左右、俯仰两个自由度运动;调节镜头的亮度、景深及焦距。

模拟控制器有单路控制器及多路控制器之分,单路控制器可以控制单个监视点,多路控制器可以控制多个监视点。

### 8.6.1.7　多媒体监视主机

多媒体监视主机也叫视频服务器,实质上是一台专用计算机,它集视频信号处理功能和控制功能为一体。不仅可以将采集的视频信号单路或者多路显示在显示器上,并进行硬盘录像,还可选择需控制的监视点,并通过屏幕点击来实现云台及镜头的控制。其控制信号通常通过总线形式发送,只需在每个监视点的前端加装一台解码器,即可辨识控制指令的发送对象并对控制指令进行解码,输出相应的模拟控制信号实施控制。

### 8.6.1.8　云台

云台实质是两个交流电机驱动的安装平台,可以水平和垂直运动。云台按安装方式分为侧装式和吊装式,即云台是安装在天花板上还是安装在墙壁上。按外形分为普通型和球型,球型云台是把云台安置在一个半球形、球形防护罩中,除防止灰尘干扰图像外,还隐蔽、美观、快速。氧舱监视系统中,氧舱内气体介质相对温度高、压力高,导致气体密度大,所以要求舱内电气设备需达到本质安全电路的要求,即无明火触点,因此设在舱内的云台宜采用耐压结构形式。

## 8.6.2　氧舱监视系统应用举例

下面以氧舱监视系统的典型需求为设计依据,展示两套常见应用方案。

假定实施对象为双舱三门高压氧舱,要求系统操作简单、可靠性高,并具有较为合理的造价。

### 8.6.2.1　方案 1

因为监视空间较小,计划采用如图 8-2 的方式布点,即可以做到监视无死角,清楚地看到每一个病员的情况,因此系统不设置云台。

(1)系统由以下硬件组成:

①彩色监视器 1 台。

②四画面分割器 1 台。

③视频切换器 1 台。

④视频分配器 4 台。

⑤长延时录像机 1 台。

⑥一体化彩色摄像机 3 台。

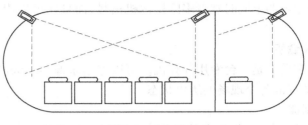

图 8-2　布点示意

（2）系统连接如图 8-3 所示。

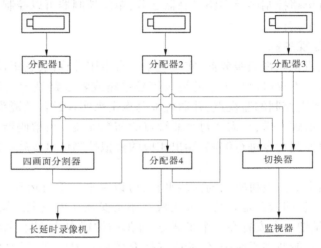

图 8-3　方案 1 系统示意

（3）系统功能。

①3 台摄像机摄制的图像可实时同时显示在监视器上。

②3 台摄像机摄制的图像可实时同时进行录制。

③可任意指定单独显示某台摄像机摄制的图像,且切换显示图像时,不影响录像的进行。

### 8.6.2.2　方案 2

摄像机布点与方案 1 相同,本方案与方案 1 的最大区别在于选用一台多媒体主机为核心。

（1）系统由以下硬件组成:

①多媒体监视主机 1 台。

②一体化彩色摄像机 3 台。

（2）系统连接如图 8-4 所示。

（3）系统功能。

①3 台摄像机摄制的图像可同时实时显示在多媒体监视主机的显示器上。

②3 台摄像机摄制的图像可实时同时进行录制,也可以单独指定 1 台或 2 台摄像机进行录制。

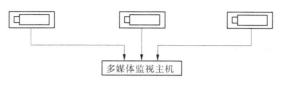

**图 8-4　方案 2 系统示意**

③可任意指定单独显示某台摄像机摄制的图像,且切换显示图像时,不影响录像的进行。

④可进行录像管理,进行整理、删除、刻录等操作。

# 第 9 章　氧舱控制系统

氧舱在运行过程中,不仅需要对某些参数进行连续监测,而且需要它们能恒定在某一范围内,或是按某种规律变化。这些就是氧舱控制系统的任务。本章首先简述氧舱控制系统组成与分类,然后讲述氧舱控制系统的一般结构和常用的设备,最后介绍两种典型的氧舱控制系统。

## 9.1　氧舱控制系统的组成与类型

### 9.1.1　氧舱控制系统的组成

依据氧舱控制系统各部分功能的不同,氧舱控制系统可分为采集单元、控制单元、执行单元、操作单元、辅助管理单元和被调对象等 6 个部分。

#### 9.1.1.1　采集单元

采集单元又称测量单元,它的功能是进行氧舱实时状态采集。它能将氧舱当前实时状态信号转化为计算机系统可接受的统一标准的电信号,送给控制单元作为其主要控制依据。压力变送器、测氧仪、温度变送器、二氧化碳分析仪和湿度变送器等都是采集单元中最为重要的元器件。

#### 9.1.1.2　控制单元

控制单元又称调节单元,它是氧舱控制系统的核心。目前在用的氧舱中有 3 种典型的控制方式:手动控制、计算机控制和智能控制。

(1)手动控制方式的氧舱采用直接用手动调节阀或者手操仪操舱。

(2)计算机控制的氧舱,控制单元由 PLC(可编程控制器)及上位控制计算机构成。自控操舱系统之所以采用 PLC 为控制核心,是因为氧舱在可靠性方面有较高要求,而目前这一要求对于普通工控机而言是达不到的。氧舱中上位控制计算机仅仅作为与 PLC 进行数据传输的工具。

(3)采用智能控制方式的氧舱,控制单元也是由 PLC 及上位控制计算机组成,所不同的是采用的控制理论不是古典控制论而是智能控制论。

#### 9.1.1.3　执行单元

执行单元的主体是调节阀,氧舱控制系统常用的调节阀有手动调节阀、电动调节阀和气动调节阀 3 种,它们是控制单元控制指令的最终执行者。

通常氧舱的每个舱室均会配备两套调节阀,一套用于控制进气,另一套用于控制排气。控制单元将治疗方案压力值与舱内实际压力值进行比较,经计算确定进气阀和排气阀所需的开启度,然后将该指令传递给相应的调节阀。

#### 9.1.1.4　操作单元

操作单元又称给定单元,它是操舱人员的操作平台。手控方式的氧舱操作单元为手动调节阀及手操仪;计算机控制或智能控制方式的氧舱操作单元是上位控制机。

上位控制机通常要实现治疗方案设计、治疗方案传输、操舱实时数据(曲线)显示、操舱实时数据记录、操舱历史数据显示、操舱历史数据打印等功能。

#### 9.1.1.5　辅助管理单元

辅助管理单元不是控制系统的必备单元,从某种意义上说,它是氧舱管理系统的一部分。但它却是操舱系统中比较实用的一个部分。通常它是按照用户需求定制的一套操舱与管理相结合的软件系统。辅助管理单元主要具备以下功能:

(1)病历管理。进行高压氧治疗的治疗记录与打印,收费记录、统计与打印。

(2)操舱数据管理。进行高压氧治疗过程数据管理与打印,操舱班组记录。

(3)进行方案合理性分析、事故可能性分析,正确操舱步骤向导。

(4)根据用户需求进行数据统计与报表打印。

#### 9.1.1.6　被调对象

被调对象又称控制对象,它是指被调量(或称输出量)对应的设备。氧舱控制系统的被调对象是氧舱。

### 9.1.2　氧舱控制系统的类型

氧舱控制系统通常可分为 3 类:氧舱手动控制系统;氧舱自动控制系统;氧舱智能控制系统。

#### 9.1.2.1　手动控制系统

早期的氧舱控制系统采用机械控制方式,其操作对象为手动调节阀;后来,氧舱设计者为了降低操舱人员的操舱强度,采用电动调节阀或电气调节阀,用手操仪(实质是电动操作器+电动/气动阀门定位器)进行遥控。

手动控制系统的控制品质较大程度依赖于操舱人员经验和对系统熟悉程度。就高压氧治疗而言,由于患者病情和体质差异较大,临床治疗方案不同,难以满足个体要求;而且连续 2 h 的操作,操舱人员劳动强度也相对较大。

#### 9.1.2.2　自动控制系统

自动控制是采用仪表、自动装置或计算机在没有人直接参与的情况下,实现使某些参数达到规定值或按某种规律变化的操作。根据是否采用数字技术或计算机而分成模拟控制系统、数字控制系统或常规仪表控制系统、计算机控制系统。自动控制系统的出现很大程度降低了手动控制系统中出现的不可避免的人为误差,大大降低了操舱人员的工作强度,同时,为操舱数据记录、治疗数据统计、数据报表打印提供了可能。

#### 9.1.2.3　智能控制系统

随着智能控制技术及计算机网络技术的成熟与发展,众多工业控制领域开始使用智能控制,未来的空气加压氧舱控制系统将以智能控制为主导,这已成为发展的必然趋势。智能控制系统将手动控制系统的经验性与传统自动控制系统的可靠性相结合,采用智能前沿学科理论。对于氧舱这类无精确数学模型系统的控制,采用智能控制系统具有极大的优越性。它不仅能按照治疗方案精确自动操舱,也能对绝大多数突发事件进行及时处理。智能控制的最大优势在于系统具有自学习功能,它对机械磨损、材料老化等原因缓慢产生的误差具有较强的修正能力。

# 9.2　氧舱控制系统的一般结构

目前,氧舱控制系统中应用最普遍的是计算机控制系统,系统主要包括以下 3 个部分。

## 9.2.1　数据采集部分

系统通过采集单元(传感器或变送器)实现数据采集任务。采集的信号有以下 3 种形式:

(1)模拟信号采集。各种类型的模拟传感器(或变送器)把控制对象的某些参数(如氧舱内的气体压力、温度、氧的体积分数等)变换成电信号,经过多路(切换)开关把各种模拟信号按照一定的时间间隔,分时地送到模拟数字转换器(ADC),然后将各种模拟信号逐一转换成适于计算机处理的数字信号,再通过计算机的接口 A 送入计算机。

(2)数字信号采集。控制对象的某些参数通过数字传感器(或变送器)转换成 8 位(或 16 位)的并行(或串行)二进制信号,经由接口 B 送入计算机。

(3)开关量信号采集。来自控制对象(如氧舱控制台)的某些开关量电信号经过接口 C 送入计算机。

## 9.2.2　计算机部分

从控制对象采集到的各种信号,经过适当变换之后,在程序控制下由接口 A、B、C 送入计算机。程序控制各接口的启动以及它们的工作顺序。

计算机的键盘用于输入有关的操作命令,如输入执行高压氧治疗方案 I 或 II 的命令。此外,通过键盘还可监视各传感器与通道的工作情况。

计算机的显示器用于显示有关信息。打印机可以打印某些参数随时间的变化情况,如氧舱在整个治疗过程中,舱内压力、温度、氧的体积分数等参数随时间的变化过程。

综上所述,计算机部分具有控制单元和操作单元的双重功能。

## 9.2.3　信号输出部分

计算机输出信号用于驱动执行单元(调节阀或电磁阀)。输出信号有以下两种形式。

(1)模拟量控制信号。计算机产生的控制信号经接口 E 送到数字模拟转换器(DAC)还原成模拟信号,再通过多路切换开关驱动执行机构,调节控制对象的有关参数。如调节氧舱电动调节阀的开启高度,控制氧舱的加、减压速率。

(2)开关量控制信号。计算机产生的开关量控制信号经接口 D 驱动电磁阀或报警装置,如空压机的启停、空调器的通电或断电,测氧仪的声、光报警等。

计算机控制系统与手动控制系统相比,具有以下特点:

（1）"在线"或"联机"工作方式，即计算机与生产过程直接相连的工作方式。反之，生产过程不直接受计算机控制，而是通过中间记录介质(如磁带、磁盘、穿孔带/卡等)，依靠人进行联系并作相应操作的方式，称为"离线"方式或"脱机"方式。

（2）"实时"工作方式，即计算机对输入信息以足够快的速率进行处理，并在一定的时间内做出反应或进行控制。换句话说，计算机在完成上述过程所需要的时间，必须小于控制对象的时间常数，否则就失去了控制的时机，控制也就失去了意义。

在以氧舱为控制对象的计算机控制系统中，由于氧舱是载人压力容器，可靠性要求较高，因此通常采用工业控制用计算机(简称工控机)和 PLC 共同组成的计算机控制系统。

PLC 在系统中提供多个 I/O 接口，具有多路开关、ADC 和 DAC 的功能，代替工控机完成数据采集和信号输出等任务。

PLC 的特点是可靠性高但操作烦琐，工控机易受外界干扰，但具有较好的操作界面。工控机和 PLC 组合的氧舱计算机控制系统吸取了两者的优点，使操作人员在工控机上操作，操舱则由 PLC 完成。

# 9.3　氧舱控制系统常用设备

可用于氧舱控制系统的设备种类繁多，尤其是随着科技的高度发展，各种各样新型多功能设备层出不穷。这里着重介绍氧舱控制系统各单元中常用的几种设备。

## 9.3.1　压力变送器

压力变送器是进行压力采集的元器件。它将采集的压力转变为统一标准的电流或电压信号，然后利用其专用线性放大芯片对压力信号进行放大及线性化处理。

压力变送器被广泛应用于仪器、医药卫生、工业发酵、炉膛负压等行业。选型时要注意其供电电压、类型、信号输出精度、工作环境温度等技术指标。

## 9.3.2　温度变送器

温度变送器是进行温度采集的元器件。它将采集的温度转变为统一标准的电流或电压信号，然后利用其专用线性放大芯片对压力信号进行放大及线性化处理。

温度变送器被广泛应用于机房、医院、档案馆等场合。选型时要注意其供电电压、信号输出类型、精度、工作环境温度等技术指标。

## 9.3.3　可编程控制器

可编程控制器，简称 PC 或 PLC。为了与个人计算机 PC 相区别，通常用 PLC 表示。

PLC 是在传统的顺序控制器的基础上引入微电子技术、计算机技术、自动控制技术和通信技术而形成一代新型工业控制装置，国际电工委员会(IEC)颁布了对 PLC 的规定：可编程控制器是一种数字运算操作的电子系统，专为在工业环境下应用而设计。它采用可编程序的存储器在其内部存储执行逻辑运算、顺序控制、定时、计数和算术运算等操作的指令，并通过数字的、模拟的输入和输出，控制各种类型的机械或生产过程。

　　PLC 具有通用性强、使用方便、可靠性高、抗干扰能力强、编程简单和性价比高等特点。在工业控制领域中,PLC 控制技术已经获得广泛应用。

　　PLC 程序既有生产厂家的系统程序,又有用户自己开发的应用程序,系统程序提供运行平台,同时还为 PLC 程序可靠运行及信息与信息转换进行必要的公共处理。用户程序由用户按控制要求设计。

　　通常 PLC 分为箱体式和模块式两种。但它们的组成是相同的,包含一块 CPU 板、I/O 板、显示面板、内存块、电源等。按 CPU 性能可分成若干型号,并按 I/O 点数又有若干规格。无论哪种结构类型的 PLC,都属于总线式开放型结构,其 I/O 能力可按用户需要进行扩展与组合。

　　外部设备是 PLC 系统不可分割的一部分,它分为编程设备、监控设备、存储设备、输入输出设备四大类。

### 9.3.4　调节阀

　　调节阀由电动(气动)执行机构与阀体组配而成。电动调节阀接受统一的标准直流信号 0~10 mA 或 4~20 mA。气动调节阀接受统一的标准气动控制信号 20~100 kPa。电控或气控信号自动控制阀门开度,达到对输出流量的自动调节。

　　下面以氧舱用的气动调节阀组合单元为例,说明调节阀的工作原理。气动调节阀组合单元由过滤减压器、气动遥控板、阀门定位器和气动调节阀等组成。储气罐输出压缩空气至过滤减压器的压力为 0.3~1.4 MPa,过滤减压器输出则为 0.14±0.014 MPa 的洁净气源。气动遥控板是控制氧舱加减压速率的手操调节装置,它向阀门定位器提供 0.02~0.10 MPa 的压力信号。阀门定位器是气动调节阀的主要配套件。阀门定位器根据气动遥控板输出的压力信号大小输出一个气动操作信号,驱动阀门执行机构动作,以此控制气动调节阀的行程,从而实现对供气流量的准确控制。

# 9.4　氧舱控制系统应用举例

　　这里介绍在氧舱中 3 种常见的控制系统。

## 9.4.1　氧舱手控管理系统

### 9.4.1.1　系统需求

　　(1)控制对象为双舱四门医用氧舱。

　　(2)最高治疗压力为 0.15 MPa。

　　(3)储气罐组最高压力为 1.0 MPa。

　　(4)要求实时显示舱内压力、温度、氧的体积分数及供气压力。

　　(5)操舱过程中显示并记录压力、温度、氧的体积分数变化曲线。

　　(6)病历管理。

　　(7)日报表、月报表、年报表打印。

#### 9.4.1.2　设备选型

由于系统为手动控制系统,因此其控制单元、执行单元、操作单元的功能皆由四套手动调节阀实现,分别为治疗舱进气阀、排气阀,过渡舱进气阀、排气阀。因此我们只需对采集单元及辅助管理单元进行选型即可。

采集单元压力包括:传感器 3 套,2 套量程 0~0.20 MPa,1 套量程为 0~1.0 MPa;温度传感器 2 套,量程 0~50 ℃;测氧仪 2 台,量程 0~30%。

#### 9.4.1.3　辅助管理单元

辅助管理单元包括:工业控制计算机 1 台;打印机 1 台;模拟量采集卡 1 套。辅助管理单元设计见图 9-1。

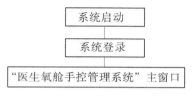

图 9-1　辅助管理单元设计

#### 9.4.1.4　硬件系统设计

硬件系统连接如图 9-2 所示。

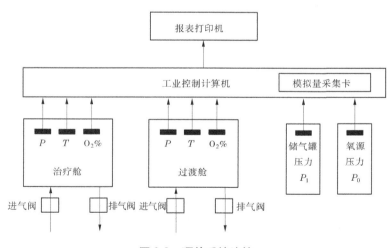

图 9-2　硬件系统连接

模拟量采集卡安装在工业控制计算机中,用以采集治疗舱和过渡舱的状态参数:压力($P$)、温度($T$)、氧的体积分数($O_2\%$)及储气罐组压力($B$)和氧源压力($R$)等 8 个模拟量。

#### 9.4.1.5　软件系统设计

(1)系统实时显示治疗舱和过渡舱的压力、温度、氧的体积分数、储气罐组压力和氧源压力等 8 个模拟量。"操舱记录"记录患者治疗过程并实时显示压力、温度、氧的体积分数数据曲线,同时进行数据记录。

(2)"数据管理"实现历史数据查询打印。

（3）"报表打印"分为日报、月报、年报打印。

## 9.4.2　氧舱自动控制系统

### 9.4.2.1　系统需求

（1）被调对象为双舱四门医用氧舱。

（2）最高治疗压力为 0.15 MPa。

（3）储气罐组最高压力为 1.0 MPa。

（4）要求加压、稳压和减压按治疗方案进行随动控制。

（5）要求舱内氧的体积分数到达设定值（23%）时舱室进行通风换气（恒值自动控制），并具有声光报警功能。

（6）要求实时显示舱内压力、温度、氧的体积分数及 2 组储气罐压力。

（7）操舱过程中显示并记录压力、温度、氧的体积分数变化曲线。

（8）操舱结束后需打印操舱数据报告。

### 9.4.2.2　设备选型

（1）采集单元包括：压力传感器 4 套，量程 0~0.20 MPa 和 0~1.0 MPa 各 2 套；温度传感器 2 套，量程为 0~50 ℃；测氧仪 2 台，量程 0~30%。

（2）控制单元为可编程控制器 1 台，可进行 8 路模拟量采集。

（3）执行单元为电控气动调节阀 4 套。

（4）操作单元包括：工业控制计算机 1 台和打印机 1 台。

本系统软件需求比较简单，无须辅助管理单元。其软件需求由操作单元代为完成，操作单元见图 9-3。

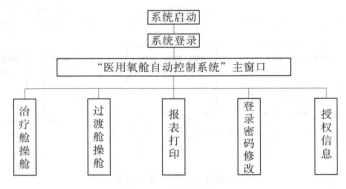

图 9-3　操作单元

### 9.4.2.3　硬件系统设计

系统连接图如图 9-4 所示。

采用 PLC 采集两舱的 6 个状态参数及 2 组储气罐压力，然后传递给工控机进行记录。

（1）系统实时显示两舱的压力、温度、氧的体积分数、储气罐的压力等 8 个模拟量。

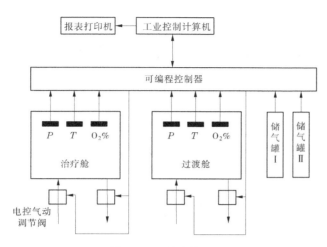

图 9-4　系统连接图

（2）"治疗舱操舱""过渡舱操舱"实现实时压力、温度、氧的体积分数数据曲线显示、记录及打印。

# 第 10 章　氧舱空气调节器

　　空气调节器简称空调器。它的主要作用是对室内空气温度、湿度、清洁度和气流速度进行调节,使之满足人体的舒适性要求。氧舱空调器与普通家用空调器不同,有它自己的特点和演变过程。本章首先介绍氧舱空调器的特点与演变,然后讲述外置式空调器和分体式空调器的工作原理,最后讨论氧舱空调器风扇传动装置的几种方式。

## 10.1　氧舱空调器的特点与演变

### 10.1.1　氧舱空调器的特点

　　由于氧舱是气体密度较高的封闭环境,而且有加压、减压动态过程,因此氧舱空调器具有以下特点。

　　(1)负荷变化大。

　　普通空调器热负荷一般包括结构渗入热、人体热、室内照明热、窗户辐射热、电器使用热、新风热、开门热等。而氧舱空调热负荷与此有很大差别。氧舱内升压时向舱内充气,致使舱内空气压缩,舱温会渐升,形成了加压升温现象;减压时舱内气体向外膨胀,对外作功而降低自身的内能,而导致减压降温现象。这种加压升温和减压降温的变化往往是在短时间内(10~20 min)完成的。氧舱空调要在这么短时间内减少这一温度的变化,在操作上常采用提前制冷或制热的办法。

　　(2)热稳定性差。

　　普通空调器运行时间长,空调器的选型是在负荷稳定的条件下确定的。而氧舱使用条件不同,加压前刚刚启动空调设备,舱内气体热容量很大,而整个高压氧治疗过程又往往不足 2 h,舱内温度尚未达到稳定,治疗工作已经结束,空调器就需要停机。所以,对氧舱空调器来讲,负荷的确定和空调器的选择必须符合上述特点。

　　(3)用电要求严。

　　氧舱加压后,舱内是一个高压、高氧的气体环境。为确保安全,氧舱的现行国家标准规定:空调器中的 220 V 电压不能进舱,而且舱内不允许有控制开关(包括继电器)等易产生火花的电气装置。所以,普通家用的分体式空调器就不能直接用于氧舱,需要对分体式空调器进行一定的改造,尤其是对空调器进舱部分的室内机组中的用电器(电机、遥控器)进行外移。因此,用于氧舱的空调器在安装上有它自己的特点。

### 10.1.2　氧舱空调器的演变过程

　　我国氧舱的空调器经历了从无到有、从繁到简、从不正规到规范化的演变过程。到了20 世纪 70 年代末,有人用盘管装置来调节舱温,即在舱内、外设置耐压盘管(通常采用耐压铜管）通过舱外的水泵驱动盘管内的冷水或热水的方法调节舱内的温度。这对加压时降舱温和减压时升舱温都有调节作用，还是很有效果的。较"通风换气"方式是进了一步，但无法控制舱内的温度，而且操作烦琐，属初始的空调方式。

　　20 世纪 80 年代，专门研制出热电半导体空调器。热电半导体空调器是当时最早一种能精确地恒定舱温的空调器。热电半导体空调器是利用半导体的珀尔帖效应来调节舱内温度。即当直流电通过一对 N 型和 P 型半导体元件组成的电偶对时，在 N 极和 P 极半导体元件接头处发生能级转移，一侧接头上吸收热量（制冷），另一侧接头处放出热量（制热）；改变电流方向后，半导体接头处的吸热和放热方向亦相反，这一过程就是通常所说的"热电制冷原理"。当然一块小小的半导体其吸热、放热是微不足道的，在实际运用中是通过上百块半导体的叠加构成一个组，置于舱的两边座位底下；一般 2 个组为 1 套。循环风道是从座位底下吸入舱内空气，通过半导体的叠加组，把气体制冷（或制热）后，返回到舱顶散流；不断地从座位底下吸入，返回舱顶，如此循环达到调节舱温。它的风道驱动方式是通过舱外电机的轴穿舱传动舱内风扇，在后期改成了磁耦合器。热电半导体空调器的操作使用确实方便，只要控制电流的大小，即可调节舱内温度的高低；只要控制电流的方向，即可达到制冷或制热的转变。但由于设备的庞杂，加上许多配件属非标准化，给后续的维护保养带来很大困难。

　　20 世纪 90 年代初期，随着民用分体式空调器的大量上市，有人将它取代氧舱外置式空调器，起到了同样的效果，省掉舱外的地下建筑设施，使用也非常方便，受到欢迎。到 90 年代中期，分体式空调器就大量用于氧舱，即将分体式空调器的室内机组直接置于舱内，结果在 1994 年一年中发生了 5 起重大事故，引起了国家有关部门的重视，随后就是全国的氧舱大整顿，明确规定交流电不准进舱，氧舱的氧气的体积分数不得超过 23.0%。于是氧舱空调器舱内机组的风扇电机和遥控器必须外移。为了实现电机外移又要驱动舱内风扇，经历了许多的尝试：有人试用密封耐压电机、皮带传动装置；也有人研制了不用电的气动马达等，这些都存在或多或少的不足与缺陷。经实践检验，磁耦合传动装置技术性能较好。目前国内氧舱分体式空调的舱内风扇传动广泛采用这种方式。

# 10.2　氧舱外置式空调器

　　氧舱外置式空调器，简单地说是由舱体的外循环风道和分体式空调器组合而成。也就是说有舱体的空气环流风道与制冷机组的制冷剂环流管路，加上一个制冷机组中冷凝器冷却剂（气或水）的环流设施，组成一个三环流装置。通过这三个环流装置的运行，实现热量从舱内向舱外或舱外向舱内环境的转移。

　　氧舱外置式空调器的主要结构有：电机与磁耦合器、耐压通风机、耐压蒸发器、热力膨胀阀、电磁阀、制冷机组、引出舱外的进出风道、舱内散流器、过滤网等部件。由于大部分设备置于舱外，故命名为氧舱外置式空调器，如图 10-1 所示。

## 10.2.1　电机与磁耦合器

　　电机设在整套空调器风道外，它是耐压通风机的密封传动装置，主轴由电机经联轴器

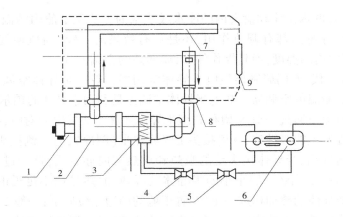

1—电机与磁耦合器；2—耐压通风机；3—耐压蒸发器；4—热力膨胀阀；5—电磁阀；
6—制冷机组（冷凝器）；7—散流器；8—过滤网；9—氧舱。

**图 10-1 氧舱外置式空调器示意图**

带动，从动轴与风机轴相联。磁耦合器利用内外磁铁吸合的原理，它可无接触地透过风道壁传动力矩，当从动轴受阻时，耦合部分可以滑动，电机仍可运行，因而起到保护电机和风机的作用。

## 10.2.2 耐压通风机

为舱室气体循环的动力。耐压通风机壳体内也装有风扇。耐压通风机的出口用帆布接管与壳体上的接管相连，以减少振动和噪声。

## 10.2.3 耐压蒸发器

耐压蒸发器又叫蒸发器，它与制冷机组连通；密闭的蒸发器外套（蒸发器的盘管、翅叶及接水盘、管部分）置于舱外的空调风道中，保证风道内的循环风全部通过蒸发器。这样舱室气体经过蒸发器热湿交换后，湿度降低，将空气中的部分水蒸气凝结为冷凝水珠析出，起到除湿作用。其耐压蒸发器的主要功能是调节舱室气体的温度。

当氧舱减压时，舱温开始下降；此时，启动制冷机组的热泵功能，则耐压蒸发器经调节后可起到制冷机组冷凝器的功能，经过风机的工作，同样可达到提高舱温的目的。

## 10.2.4 热力膨胀阀

热力膨胀阀是制冷机组的一个组成部件，是用来自动调节进入蒸发器的制冷剂量控制装置，也称它为节流装置。

## 10.2.5 电磁阀

它是制冷机组的一个保护装置，能控制制冷剂的启闭，能确保制冷管路与压缩机同步工作，为避免压缩机发生冲缸事故而设。

## 10.2.6 制冷机组

除上述蒸发器、热力膨胀阀、电磁阀外,还有制冷压缩机、冷凝器、过滤器等部件。在此冷凝器的散热方式也有一个演变过程,初期都采用水冷法,现在均采用风冷法。

## 10.2.7 散流器

散流器的布置对舱内空气流动速度和温度分布有重要影响,必须合理选取送风管道与散流器的大小、安装距离及回风口位置。

## 10.2.8 过滤网

过滤网一般设于回风口格栅内侧,便于拆卸。对舱内气体起到过滤除尘作用,必须定期进行清洗。

氧舱外置式空调器的使用主要是对制冷机组的操作。一般在选定了制冷(或制热)工况后,先启动通风机,再设定舱内温度,最后启动制冷机即可;但必须与氧舱操作相匹配,制冷或制热都必须在加压或减压前提早一些时间(一般为 10~20 min)运行。停机操作与此反之。当制冷机组停止工作,风机单独工作,即为氧舱的送风功能。

氧舱外置式空调器的特点是空调设备都设在舱体外,所以使用安全,维修方便,舱内噪声低,也不存在制冷剂泄漏等污染;但与氧舱分体式空调器比较,其设备结构庞大,造价高,需要设地下建筑,冷(热)风需经过空调风道进、出舱室,制冷、制热速度相对较慢,效率低,耗能多。

目前已有将此耐压蒸发器部分直接设于舱内空调风道的舱内底部(见图 10-2 中 3)。这种形式的氧舱空调器实际就成了氧舱分体式空调器的变异。由于它在舱外设有风道,风道外设电机与磁耦合器等,所以仍被称为氧舱外置式空调器。外置式空调器换热更快捷,能耗更节省,与氧舱分体式空调器相比,舱内的温度更均匀,更适用于大型的多人空气加压氧舱。

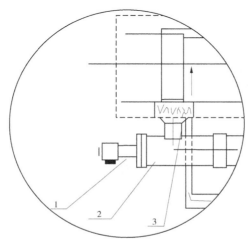

1—电机与磁耦合器;2—耐压通风机;3—耐压蒸发器。

**图 10-2 氧舱外置式空调器结构示意**

# 10.3　氧舱分体式空调器

## 10.3.1　分体式空调器的基本结构

分体式空调器又称分离式空调器。它是将整体式空调器一分为二,分装于室内、室外机组中。室内机组有蒸发器(或冷凝器)、风扇、毛细管、室温传感器及过滤网、集水盘(管)、机壳等;室外机有压缩机、冷凝器(或蒸发器)、风扇及电机等(见图10-3)。由于压缩机在室外,因此大大减少了室内的噪声(一般低于50 dB)。其室内、室外机组之间用耐压铜管连通,构成一密闭完整的制冷系统。电路用导线将室内、室外机组连接,主控开关能同时控制室内机和室外机。室内机组的固定形式有:壁挂式、吊顶式、吸顶式(嵌入式)、落地式和台置式等。目前氧舱分体式空调器大都采用壁挂式与吸顶式。

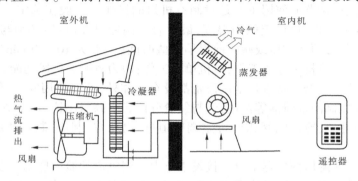

图 10-3　分体式空调器的基本结构示意

氧舱分体式空调器根据功能的不同分为单冷型(有制冷、除湿等功能)和热泵型(有制冷、制热、除湿等功能)两种。

### 10.3.1.1　压缩机

压缩机,是空调器的核心部分。多用滚动活塞式制冷压缩机,在圆柱形缸内有一个依靠偏心轴带动并作回转运动的活塞,活塞在气缸内绕气缸的圆心运动,形似沿着气缸内壁滚动。气缸被一滑片分隔成两个容积,分别设吸气阀和排气阀。当偏心轴转动时,这两个工作容积周期地扩张和缩小,完成气体的吸入、压缩、排出。该压缩机具有效率高、体积小、重量轻、运转平稳及振动小等优点。

### 10.3.1.2　冷凝器

冷凝器是分体式空调器的换热器。采用翅片管冷风型结构形式,即制冷剂在管内冷凝,管外的冷却空气由管外风扇吸吹横向掠过翅片管,空气中的灰尘较易积在翅片上,而翅片间距又较小,当灰尘积存多了势必影响散热效果,所以必须经常地清除翅片上的灰尘。

### 10.3.1.3　毛细管

毛细管分体式空调器都用毛细管作为节流元件。毛细管将来自冷凝器的高压常温制冷剂液体,变成低压低温再进入蒸发器蒸发吸热。毛细管选用直径为 0.5~2.0 mm 的铜管,长度为 0.5~1.0 m,为了节省长度空间,一般加工成螺旋形。由于毛细管有流量、工作状态、制冷量等参数相对稳定以及结构简单、成本低、性能稳定可靠、寿命长等优点,因此被分体式空调器广泛应用。在毛细管的入口处装有干燥过滤器,防止污垢堵塞管道。为了防止污垢的堵塞,通常采用两根并联,以保证万一其中一根不畅时,空调器仍能正常运行。

### 10.3.1.4　蒸发器

蒸发器是机组的另一个换热器。它的功能是从节流元件节流后产生的低压液态制冷剂,进行蒸发相变来吸收周围空间的热量(吸热),从而达到制冷的目的。分体式空调器都采用风冷翅片管式蒸发器,但由于蒸发器表面温度的降低会把空气中的水分凝结成水珠,为了保证蒸发器的换热效果,这些冷凝水不能过多地覆盖在翅片管表面,又不允许夹带于冷风中吹向空间,因而蒸发器翅片必须间距适当地纵向布置,而且翅片的表面黏水系数要小,以利于冷凝水从上面落下由集水盘聚集后经排水管排出。制冷剂进入蒸发器的温度通常在 4~6 ℃,其表压约为 0.5 MPa。

### 10.3.1.5　室内机风扇

室内空气先经滤尘网等处理,流经室内换热器,与换热器翅片管进行热交换(制冷时吸收空气热量而降温、除湿;制热时放出热量而升温)后,进入风扇吸气风道,通过风扇由送风口排往周围空间。为了保证室内换热器的换热效果,必须保持换热空气流出的顺畅,因而安装空调器的四周要有一定的空隙,滤尘网要定期清洗。

### 10.3.1.6　四通电磁换向阀

在热泵型空调器中增加 1 个四通电磁换向阀,其功能是进行制冷与制热功能切换。通过它使制冷剂改变流动方向,由制冷循环改为制热的热泵循环;起到空调器的室内、室外热交换器功能的交换作用,即达到了制冷、制热功能的交换。四通电磁换向阀的工作原理是通过线圈的通电而产生磁场,使衔铁移动带动阀芯的工作来实现换向。

### 10.3.1.7　电气控制系统

电气控制系统包括电动机、温度控制器、空气开关、过流过热保护装置、压力控制器、空调遥控器等。

分体式空调器均采用单相、感应交流电机。由于分体式空调器的压缩机功率小,因此广泛采用电容运转型,在启动绕组中串联有运转电容器、无启动电容器及绕组的切断装置。它具有电路简单、可靠性高、启动转矩小、运转电流小等优点。也正由于启动转矩小,一定要在高低压力平衡后才能启动。氧舱空调器电机必须满足:在额定电压的 90% 时能启动;在额定电压的 90% 时不过载,并且需要配备相应的短路及过载(过流过热)保护装置。

空调器中的温度控制器可对室内温度进行自动控制。常用的是通断式温度控制器,制冷时当室温达到设定的温度时,温度控制器自动切断压缩机电源,停止制冷;室温回升后,再次自动接通电源。制热时,当室温低于设定的温度时,温度控制器自动接通压缩机电源,进行制热;温度达到后,自动切断电源。

过流过热保护器是空调器电动机的过载保护装置。电机可能出现过载异常,如制冷系统堵塞、机械卡缸等,电源电压过低、电动机转动部分卡住等原因使电流过大;另外,由于维护、使用不当,压缩机长时间运行,使压缩机、电动机温度升高。这种过流、过热,若不及时切断电源,就有可能烧坏电机,这就需要加接过流过热保护装置。它主要是由一双金属片(由两条不同膨胀系数的金属结合而成)起保护作用,当过流或过热时,两片金属由于膨胀系数的不同而发生弯曲,造成电路的触点脱开而断电。

压力控制器(压力开关)的作用是监测制冷设备系统中的冷凝高压和蒸发低压数值,当压力高于或低于额定值时,压力控制器可自动断开电源,起到保护电路的作用。高压控制器安装在压缩机的排气口,以控制压缩机的出口压力;低压控制器安装在压缩机的进气口,以控制压缩机的进口压力。

空调遥控器主要由形成遥控信号的微处理器芯片、晶体振荡器、放大晶体管、红外发光二极管以及键盘矩阵组成。微处理器芯片内的振荡器与外部的晶体高频振荡器,产生高频振荡信号。经过晶体管放大,推动红外线发光二极管发射出脉冲调制信号。空调遥控器在使用时注意轻取轻放,切勿重摔,防止振荡器、晶体管、二极管的损坏。

### 10.3.2　分体式空调器的工作原理

分体式空调器具有制冷、制热、除湿、除尘、送风等功能。

#### 10.3.2.1　空调器的制冷工作原理

分体式空调器是一个密闭的循环系统。在这一系统中注入一定量的制冷剂,另外,在冷凝器与蒸发器处分别各设一散热风扇。这些就是单冷型空调器的基本组成部分。

空调机制冷时,压缩机将来自蒸发器的低温、低压制冷剂蒸气吸入并压缩为高温、高压的气态制冷剂排至冷凝器,风扇将室外空气吸入,流过冷凝器,带走制冷剂热量,使之变为低温高压液态制冷剂,热空气再排至室外。冷凝器内高压液态制冷剂通过室外机的连接管及节流阀降压后进入蒸发器中蒸发成气体,吸收室内环境空气中的热量;低压制冷剂蒸气通过中间的低压连接管被室外压缩机吸入并压缩成高温高压蒸气,再重复上述过程。循环流过蒸发器表面的空气,被吸收热量,温度降低后被室内机组的风扇吹入室内,使室温降低。周而复始,将室内的热量转移到室外。

液态制冷剂在蒸发器中的汽化称为蒸发,在这蒸发过程中伴随着吸收汽化潜热;汽化了的制冷剂吸热后,需压缩机对制冷剂做功,把制冷剂加压到一定压力以上,才能在冷凝器中液化,冷凝或液化伴随着放出液化潜热。这样,通过消耗外界能量(压缩机做功)和制冷剂的相变(气相变液相和液相变气相),实现了热量从低温环境向外部高温环境的转移。这就是单冷型分体式空调器的工作原理。

#### 10.3.2.2　空调器的制热工作原理

氧舱分体式空调器除单冷型外,还有热泵型。热泵型是在单冷型的基础上增加一个四通电磁换向阀,通过它改变制冷剂在系统内的走向,使蒸发器起到冷凝器的作用,冷凝器起到蒸发器的作用,实现室内、室外制热、制冷的转换。

由于热泵型空调器是通过吸收室外空气热量来制热的,因此热泵制热能力随室外温度的变化而变化。当室外气温低于-7 ℃时,室外热交换器无法从室外吸收到足够的热量而实现制冷剂的完全汽化,甚至因无法汽化而造成压缩机发生液击的危险。

#### 10.3.2.3　空调器的除湿功能

当室内空气流经蒸发器时,最后被冷却到露点以下,空气中部分水蒸气就在蒸发器管壁和翅片上冷凝成水珠,汇流到集水盘经排水管排出。经此处理后的空气得到了除湿。但空调器无增湿功能。所以,空调器只有除湿而无控制湿度的功能。

#### 10.3.2.4　空调器的除尘功能

空调器吸入室内空气时先经过滤网,经滤网除尘后再进行温度调节(制冷或制热)并返回室内。所以,要定期对室内的滤网进行清洗,保持滤网的清洁卫生与完整无损,以保证空调器除尘的正常功能。

#### 10.3.2.5　空调器的送风功能

在室内温度适宜的条件下,可将空调器的遥控开关旋至送风位置,此时制冷(或制热)系统停止工作,只是送风系统的风扇在工作。空调器的送风系统工作会给室内人员一种清静的舒适感。

空调器处于"制冷(或制热)"工况时,空调的送风系统必须同时运行,这时送出的风是"冷风(或热风)"。强风、弱风和微风是通过改变风扇的转速来实现的。

### 10.3.3　氧舱分体式空调器的选择

氧舱分体式空调器的规格要与氧舱舱容相匹配。理论上可通过计算所需热量进行选择,但整个计算过程复杂而且计算过程又做了许多假定条件,所以不实用。结合实际经验,我们总结出分体式空调器制冷量与舱室容积的对应关系,如表 10-1 所示。

表 10-1　分体式空调器制冷量与舱室容积的对应关系

| 舱室容积/m³ | 空调器制冷量/W | 空调器规格 |
| --- | --- | --- |
| 10~20 | 2 500 | 1 匹机 |
| 20~35 | 3 500 | 1.5 匹机 |
| 35~50 | 5 000 | 2 匹机 |
| 50~65 | 7 000 | 1.5 匹机 2 台 |

### 10.3.4　氧舱空调器的安装要求

第一,安装位置的选择要根据原机组所配的连接铜管的长短,确定舱内机及室外机的距离,标准管长为 5 m。室外机通常放置在阴面,应远离氧舱的排氧管,如果放在阳面,应加遮阳板(或棚),防止阳光的直射。舱内机可以是壁挂式也可以是吸顶式。舱内、室外机组的周围必须留有一定空间,保证空调器热交换器的畅通。

第二,氧舱空调器连接管必须是整根的连接,不能设中间接头。连接管在接通舱内机时要涂防冻油,同时要防止杂物、灰尘、空气、水分带入。连接管穿舱壁的开孔需设穿舱件,穿舱件要求密封、耐压,且不可损伤连接管。

第三,排水管的安装。由于氧舱是密闭的压力容器,排水管不可能像普通空调器那样直接引出舱外,但又不能放在舱底,这样长期会造成舱壁的锈蚀和强度的下降;可接入氧舱的排氧管,通过排氧管引出舱外。排氧管的底部排泄阀要定期排放。

第四,电机的电源。根据 220 V 交流电不进舱的规定,必须将舱内机中风扇的(交流电驱动)电机移至舱外。

舱内机的控制板移至氧舱操纵台,达到交流电不进舱和在氧舱操纵台上操作空调器的要求。

另外,氧舱空调器电源应独立供电,不得与氧舱操纵台电源合用。空调器的外壳必须可靠接地。

第五,与氧舱空调配套的舱内温度监视仪表应设在氧舱操纵台的空调器控制板旁,温度传感器应置于舱室两侧的中部装饰板外并设置防护罩。

安装后空调器性能评定:接通空调电源开关,装好遥控器电池,选择制冷工况运行 15 min,可测试风速运行方式(高、中、低)性能、温度高低的调节性能,可用温度计测试舱内机的进风口与出风口的温度,一般温差大于 8 ℃ 属于性能良好。

## 10.3.5　氧舱分体式空调器的正确使用

首先注意环境温度,当环境温度超过 43 ℃ 时,因冷却冷凝器的气温太高,会导致冷凝器的温度过高,造成压缩机的超负荷运行,最终压缩机过载,使保护器动作而断电。同样,热泵型空调器在环境温度过低条件下致热,由于室外的冷凝器吸收外界热量困难而导致超负荷运行。所以,热泵型空调器使用环境温度为 $-7 \sim 43$ ℃。

氧舱分体式空调器的使用必须与氧舱的操作同步。

(1)氧舱加压前半小时启动空调器,根据当时舱内的温度监视仪所显示温度,制冷运行时一般调至比环境温度低 $3 \sim 5$ ℃ 时。这时舱门要关闭,人员进出要随手关舱门。

(2)氧舱开始加压,关紧舱门,舱内的温度变化率应不大于 3 ℃/min。

(3)在稳压期间,当舱温恒定时,空调可置于送风挡运行(一般设在弱风或微风挡)。当舱内出现紧急情况时,要及时停机,切断空调器电源。

(4)在将结束治疗(将要减压)前 $10 \sim 20$ min,空调器可转向制热工况运行;减压过程中,温度变化率也应不大于 3 ℃/min。

(5)舱内人员出舱后,要及时停机,关闭电源。

分体式空调器的遥控器开关由"制冷(制热)"转至"停止"或"送风"后至少应间隔 $2 \sim 3$ min 方可转至"制热(制冷)"位置,否则压缩机将会因系统内的压力未平稳而难于启动,甚至损坏;舱内机组与室外机组距离较远,压力平衡的时间则要更长些,所以等待时间应稍长。若高压侧与低压侧压力还未平衡就启动空调器,则会因负荷过大而使电机处于堵机状态,堵机时电流很大,压缩机上的过载保护器会切断压缩机电源,以保护电动机不被烧毁,但万一过载保护失灵,则压缩机、电动机就有被烧毁的危险。特别是氧舱在使用中的空调器,更要注意这一点,在加压前要预制冷,氧舱加压时又会增加其负荷;同样在减压前,应按预制热工况运行,氧舱进行减压时也会增加其负荷,这容易造成空调器系统中的压力不平衡,从而造成对压缩机的过载而烧毁电机。

# 10.4　氧舱空调器风扇的传动装置

氧舱分体式空调器舱内机的电机移出舱外,但又要隔舱驱动舱内风扇运行并耐压、无气体外泄,为此摸索了多种不同的传动方法。下面介绍较实用的 3 种传动装置的原理与性能,其中又以磁力传动装置为最佳。

## 10.4.1　磁力传动装置

　　磁力传动装置又称永磁耦合器。这种传动装置包括舱外电动机、密封罩、舱内从动轴三部分。其传动原理见图 10-4。

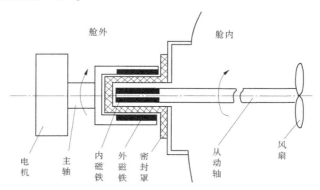

**图 10-4　磁力传动装置原理**

　　磁力传动是一种隔离传动,其主轴和从动轴各带有一块永磁材料(稀土元素材料),称外磁铁、内磁铁,中间间隙用耐压密封罩(非金属密封罩)隔开,实现耐压无泄漏密封传动。

　　磁力传动装置的主要技术参数见表 10-2。

**表 10-2　磁力传动装置的主要技术参数**

| 耐压/MPa | 电机功率/W | 转速/(r/min) | 工作温度/℃ | 噪声/dB(A) | 密封性 |
| --- | --- | --- | --- | --- | --- |
| ≤1 | 60 | 500~1 500 | ≤80 | ≤50 | 无泄漏 |

## 10.4.2　气动马达传动装置

　　气动马达传动装置是用压缩空气的气压作动力,驱动舱内机的风扇运行。优点是无须电源,动力源来自氧舱贮气罐的压缩空气,经减压后输入气动马达入口,驱动风扇运行,排出气引出舱外,为一独立的用气系统,所以无氧舱的气体泄漏。操作方便,用流量计调节供气流量就能实现风机的转速调节。气动马达传动装置的工作原理如图 10-5 所示。

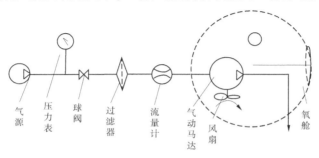

**图 10-5　气动马达传动装置原理**

缺点是使用时必须持续供气,一旦供气中断,风扇就停止运行。另外,耗气量大,增加空气压缩机的负荷,在贮气量紧缺的情况下,往往会影响氧舱的治疗。

气动马达传动装置的主要技术参数见表 10-3。

**表 10-3　气动马达传动装置的主要技术参数**

| 气源压力/MPa | 耗气量/(m³/h) | 输出功率/W | 转速/(r/min) | 温升 | 噪声/dB(A) | 密封性 |
|---|---|---|---|---|---|---|
| 0.1~0.3 | ≥3 | 8~12 | 1 000~1 500 | 无 | ≤60 | 无泄漏 |

### 10.4.3　密封耐压电机软轴传动装置

它的特点是电机在舱外,而电机轴与舱内相通,电机转子线圈、接头用环氧树脂封死,承压无触点,风扇用软轴传动。所以,真正的噪声不在电机上,而在传动轴的匹配上,传动装置的噪声和软轴寿命是问题的关键。由于电机内腔与舱室相通,为防止机械堵转而电机发热,必须配有过载保护和过热保护器,以便故障时及时断开电路。

图 10-6 为典型的密封耐压电机软轴传动装置原理图。

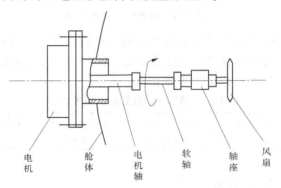

图 10-6　密封耐压电机软轴传动装置原理

密封耐压电机软轴传动装置的主要技术参数见表 10-4。

**表 10-4　密封耐压电机-软轴传动装置的主要技术参数**

| 耐压/MPa | 电机功率/W | 转速/(r/min) | 温升/℃ | 噪声/dB(A) | 密封性 |
|---|---|---|---|---|---|
| ≤0.7 | 18 | 800~1 500 | ≤40 | ≤55 | 微量泄漏 |

# 第 11 章　医用氧舱消防设施的基本要求

## 11.1　氧舱着火的原因

### 11.1.1　燃烧"三要素"

燃烧俗称着火,是一种放热、发光的化学反应。燃烧必须同时具备 3 个条件:可燃物、助燃剂和热源,三者缺一不可,称之为燃烧三要素。

#### 11.1.1.1　可燃物

氧舱内的可燃物有装修材料(包括油漆、涂料、纤维板、胶合板、装饰板等)、各种吸氧装置、服装被褥和人体等。

装修材料按其燃烧性能可划分为 4 级:A 级(不燃性);B1 级(难燃性);B2 级(可燃性);B3 级(易燃性)。

#### 11.1.1.2　助燃剂

氧气是助燃剂。物质燃烧的速度和强度与氧的体积分数有关。实验证明,气体中氧的体积分数超过 25% 时燃烧明显加剧。如棉布在水平方向燃烧时,气体中氧的体积分数超过 30%,其燃烧速度比通常空气中快 2 倍。

#### 11.1.1.3　热源

热源又称着火源或火源,它是引起可燃物燃烧的能源。

氧舱内的热源有:火柴、打火机、电动玩具、静电火花、摩擦和撞击产生的火花、电气设备及其导线产生的火花、氧气绝热压缩产生的高温等。

### 11.1.2　燃烧的充分必要条件

许多人误认为氧舱内具备了可燃物、氧气和热源,舱内就会燃烧了。实际上,上述"三要素"只是燃烧的必要条件,而不是充分条件。有许多实例可以说明这个问题,例如,在常压 18 ℃ 的空气舱内,用明火接触煤油,煤油没有燃烧,这是因为易燃物煤油的着火点为 40 ℃。着火点又称着火温度或燃点,是指可燃物达到燃烧时所需的最低温度。上例中的煤油温度若上升至 40 ℃,则遇明火就会立即发生燃烧。又如,在 0.4 MPa 的空气舱内,舱内氧分压高达 84 kPa,用火柴点燃酒精灯,尽管酒精灯火焰处的温度可高达 1 180 ℃,但是没有引起舱内火灾,这是因为舱内其他可燃物的温度没有达到着火点。再如,在氧的体积分数为 14.0% 的常压密闭舱内,汽油或煤油遇明火均不会燃烧,这是因为可燃物的着火点与环境中氧的体积分数、压力、湿度、温度、可燃物的种类与形状等因素有关。氧的体积分数愈低,可燃物的着火点就愈高,以至于不可能达到如此高的着火点,于是也就不会发生燃烧。

综上所述,燃烧只有在充分必要条件都满足的情况下才能进行。所以,氧舱着火的原因:一是舱内的可燃物与氧气接触,二是可燃物的温度达到了着火点。或者说,舱内具备了可燃物、氧气和热源三要素,同时,热源又使可燃物的温度达到了着火点。

# 11.2　氧舱火灾的预防

有些材料通常在空气中不能燃烧,而在富氧气体环境中却会燃烧。在高压氧舱环境中,火灾蔓延速度非常迅速,有些场合中甚至没有火灾发生初期应有的预兆和冒烟现象。氧气加压舱一旦发生火灾,不仅会造成高温伤害,而且一氧化碳等有毒气体会导致舱内人员窒息死亡。

根据燃烧原理,一切防火措施都是为了不使燃烧条件形成,从而达到防火的目的。氧舱防火的 4 种基本方法是:控制可燃物、控制助燃剂、控制热源、提高可燃物的着火点。

## 11.2.1　控制可燃物

虽然舱内的装饰板、地板、座椅、床褥、柜具及油漆等材料,采用的是不燃或难燃材料,但舱内仍然不可避免地存在一些可燃物,例如:人体、蛇形氧气软管、吸氧面罩等。因此,在氧舱的使用过程中,应严禁易燃物进舱,但禁止可燃物进舱是办不到的,这就需要加强对进舱可燃物的控制,加强对高压氧舱的管理。如按规定严格检查进舱人员的衣物,进舱人员不得携带易燃、易爆物品,不得穿戴能产生静电的衣服、鞋、帽,严禁沾染油脂的物品置于舱内等。

舱室油漆和涂料应是阻燃的,且不会产生有毒气体。油漆可以选用无机锌基或高质量的环氧树脂以及类似的材料。

氧舱设备上和其周围只能用抗氧化的润滑剂或润滑脂。如液压机构传动的舱门,其液压传动介质应采用抗氧化类材料。氧舱消声器的吸声材料应选用无毒抗氧化材料制造。氧舱内床罩及枕套应选用全棉或抗静电织物。

## 11.2.2　控制助燃剂

由氧气的性质可知,氧气是一种强助燃剂。对氧气加压舱来说,在正常操作时,舱内的氧的体积分数可高达 60% 以上,其助燃作用尤甚,即使是空气加压氧舱,也会因患者使用吸氧面罩不当造成氧气泄漏到舱内,若对舱内气体置换不及时,也会使舱内氧的体积分数升高。

故此,应加强对舱内氧的体积分数的控制。对空气加压氧舱而言,标准规定了舱内氧的体积分数不应超过 23%。

在氧舱正常使用过程中,舱内氧的体积分数升高往往是在减压过程中,因排氧阀关闭,排氧管内的氧气返回舱内引起的。要控制减压过程中氧的体积分数升高,对空气加压氧舱来说,可采取排氧阀一边少量排气,一边排气减压的方法。或者采用减压时不关排氧阀的方法。

防止空气加压舱氧的体积分数升高的其他措施如下:

（1）舱内吸氧患者，应将吸氧面罩与面部贴合好。

（2）氧舱排废氧管路必须通畅，排氧阻力（呼气阻力）不应大于 300 Pa。

（3）舱内排废氧管与舱内气体连通时，要求每一吸氧面罩与供氧管路连接处设置隔离阀。

（4）呼出的废氧应通过流量计控制，直接排至舱外。

（5）吸氧中间休息时，不要关闭供氧阀门。因为关闭供氧阀门后，会使舱内供氧管路的压力降低，如果管路的压力低于呼吸器的自封压差（一般为 0.4 MPa 左右），便会使呼吸器漏氧，致使舱内氧的体积分数突然升高。

## 11.2.3　控制热源

热源是引起燃烧的导火线。消除各种热源的产生是预防氧舱特别是氧气加压舱着火的重要一环。引起高压氧舱起火的热源，主要有以下几种：

（1）外来热源。由于在进舱前检查不严，患者将打火机、火柴等带入了舱内。

（2）静电火花。在舱内减压时脱穿衣物（特别是毛衣、化纤内衣），金属碰撞产生火花等。

（3）舱内有下列电气元件：电路断路器、电路熔断器、电动机、电动机控制器、继电器、变压器、镇流器、照明配电板或供电配电板等。

常见的静电防护方法有以下几种：

（1）减少产生静电荷。对接触起电的有关物料，尽量选用在起电序列中位置较邻近的，或对产生正负电荷的物料加以适当组合，使最终达到起电最小。

（2）静电接地。静电接地就是用接地的办法提供一条使静电电荷能迅速泄漏的通道。在氧舱的安装及使用过程中，应注意将氧舱中可能产生火花放电的间隙跨接起来（如对于氧气加压舱，有些活动床的轮子是橡胶轮，不是铜轮，这时就应该采取有效措施，将活动床与舱体连接起来，一般可利用活动床的锁紧机构来起连接作用，或者是通过导线将活动床与舱体连接），并予以接地，此接地线必须与舱外壳的金属框架永久性相连，并与在舱外的金属水管或单独打入地面的接地柱接通，使氧舱各部分与大地等电位。另外，为防止静电感应，其他不相连接但相近的金属部分也应接地。

（3）增加舱内湿度。环境中湿度的大小对静电的产生有很大影响。湿度增加，高分子材料的介电常数增加，导电率就增加，许多物质由于吸附了水分，就能使表面活性剂发挥其消除静电的功能。通过试验可知：当空气中的相对湿度在 65%～70% 以上时，物质表面往往会形成一层极微薄的水膜，水膜可溶解空气中的 $CO_2$ 从而降低了物质表面的电阻率，减少了静电电荷产生的必要条件。对于棉纺织品，如果温湿度控制得好，则几乎可忽视静电的危害。因此，对于氧舱，特别是氧气加压舱，在条件允许的情况下，进舱前，患者可先沐浴或将头发湿润，并更换纯棉服，以降低产生静电的可能性。另外，对有机玻璃舱体的氧舱，若在有机玻璃表面涂擦肥皂水，也能有效地防止静电电荷的积聚。

（4）安装人体导静电装置。对于静电，人体本身就是一个导体，要消除人体静电，就要使人体与大地之间有良好的接触，不能出现绝缘现象。对于氧气加压舱来说，可利用金属编织的导线将患者及其衣物与舱体连通，以利于静电的导出。

### 11.2.4　提高可燃物的着火点

提高可燃物着火点的方法主要有以下几种：

(1)进舱物品尽量选用着火点高的材料,如不燃和难燃的材料。

(2)控制舱内氧的体积分数,宜低不宜高。

(3)舱内工作压力在治疗的氧压范围内选择时,宜低不宜高。

(4)舱内温度在氧舱标准规定的温度范围设定时,宜低不宜高。

(5)舱内相对湿度在进舱人员病情允许和舒适性可以接受的条件下,宜高不宜低。一般希望在70%±5%的范围。有资料显示,空气中的湿度在55%以下时容易发生森林大火,在55%~75%会发生森林火灾,在75%以上时不会发生森林火灾。可见,环境湿度高低对引发火灾可能性的重要影响。因为增加环境湿度不仅仅可以防止静电的积聚,而且对于提高可燃物的着火点也有重要作用。

## 11.3　氧舱用灭火器材及灭火方法

### 11.3.1　舱内灭火器材

氧舱(多人氧舱)内应设置高效低毒灭火器,并附有"灭火"醒目标记。灭火器的容量必须足以控制任何可预见的火灾,灭火剂必须适合于在所有压力及气体成分条件下熄灭可能的火灾,且应考虑到舱压对喷射施放灭火剂的影响及施放后舱压的升高,不得使用有毒的灭火剂,如 $CO_2$、干粉等。一般手提式灭火器内装药剂的喷射灭火时间在 1 min 之内,实际有效灭火时间仅有 10~20 s,在实际使用过程中,必须正确掌握使用方法,否则不仅灭不了火,还会贻误灭火时机。舱内常用灭火器如下。

#### 11.3.1.1　贮压式轻水泡沫灭火器

轻水灭火器中的的灭火剂为轻水泡沫灭火剂(水成膜泡沫灭火剂)。氧舱常用 MJPZ 型手提贮压式轻水泡沫灭火器。这种灭火器是将轻水泡沫灭火剂与压缩空气同贮于灭火器筒体内,灭火剂由压缩气体的压力驱动而喷出灭火。

使用轻水灭火器时可采用拍击法,先将轻水灭火器直立放稳,摘下保护帽,用手掌拍击开启杠顶端的凸头,水流便会从喷嘴喷出。使用时,拔掉器头上的插销,一只手握泡沫产生器对准火源,另一只手握紧压把,即可喷出泡沫灭火。

#### 11.3.1.2　水喷淋灭火系统

水在常温下具有较低的黏度、较高的热稳定性、较大的密度和较高的表面张力,是一种古老而又使用范围广泛的天然灭火剂,易于获取和储存。它主要依靠冷却和窒息作用进行灭火。因为每千克水自常温加热至沸点并完全蒸发汽化,可以吸收 2 593.4 kJ 的热量。因此,它利用自身吸收显热和潜热的能力发挥冷却灭火作用,是其他灭火剂所无法比拟的。此外,水被汽化后形成的水蒸气为惰性气体,且体积将膨胀 1 700 倍左右。在灭火时,由水汽化产生的水蒸气将占据燃烧区域的空间,稀释燃烧物周围的氧含量,阻碍新鲜空气进入燃烧区,使燃烧区内的氧含量大大降低,从而达到窒息灭火的目的。当水呈喷淋雾状时,形成的水滴和雾滴的比表面积将大大增加,增强了水与火之间的热交换作用,从而强化了其冷却和窒息作用。另外,对一些易溶于水的可燃、易燃液体还可起稀释作用;采用强射流产生的水雾可使可燃、易燃液体产生乳化作用,使液体表面迅速冷却、可燃蒸气产生速度下降而达到灭火的目的。

舱内最有效的灭火手段是水喷淋灭火系统。发生火灾时,通过自动或手动方式启动水喷淋灭火装置,以储存在高压气瓶中的惰性气体(如氮气)为动力,在 3 s 内将压力水柜里的消防水通过管道和喷淋头开始向舱内喷出,迅速灭火。

单人氧气加压舱中的灭火问题尚未见有效的办法,因为其燃烧速率太快。因而对于氧舱加压舱来说,需加强预防措施。

## 11.3.2　氧舱着火的扑灭方法

灭火方法的实质是将可燃物跟空气隔离或者使可燃物的温度降低到着火点以下。

当氧舱内发生火灾时,操作人员应果断进行以下处置:

(1)迅速关闭供氧、供气阀门,切断总电源开关。

(2)启动水喷淋灭火装置和/或舱内的轻水灭火器。

(3)迅速打开排气阀及舱外应急排气阀排气,快速减压。

(4)迅速打开舱门,救出舱内人员。

(5)打开灭火器,将余火熄灭。

# 11.4　氧舱用水喷淋灭火系统

水能够冷却燃烧的物质;水能够隔绝空气,冲淡燃烧区可燃气体的浓度,降低燃烧程度,能够浸湿未燃烧的可燃物,使之难以燃烧;水在机械作用下具有冲击力,使火焰中断而熄灭。

目前,美国、日本等先进国家的氧舱设有水喷淋灭火装置。我国医用氧舱国家标准GB/T 12130 中也规定了多人氧舱舱内应设置水喷淋灭火系统。

在介绍氧舱用水喷淋灭火系统前,先了解以下几个术语:

(1)响应时间:启动控制开关(或接到自动报警信号)至水雾喷头开始喷水所需的时间。

(2)喷淋强度:1 min 每平方米作用面积上的平均喷水量。

(3)作用面积:受灭火装置保护的水喷淋覆盖面积。取氧舱舱体中线下面 1/4 直径处的水平面或实际地板水平面二者中面积较大的一个作为作用面积。

## 11.4.1　性能要求

(1)在由多个舱室组成的氧舱中,喷水系统的设计应确保氧舱舱室处于不同压力时能正常工作,还应确保喷水系统能单独或同时工作。

(2)灭火系统应是自动操作或手动操作的。手动灭火和自动灭火系统之间最基本的区别在于喷射水流的启动方式。自动灭火系统是一发生火灾即由两种以上探测元件自动启动喷淋机构。手动灭火系统却是在舱室操作者或舱内人员发现火灾后手动启动。

（3）一旦启动灭火系统,通信系统应保持畅通,舱内氧气供应必须停止,通风系统停止且必须关掉风机电机以免加大火势。

（4）灭火装置向舱内喷水时,在舱内作用面积上的平均喷淋强度应该不小于 0.05 $m^3/(m^2 \cdot min)$。

灭火装置应设有独立的供水系统,其供水能力应保证氧舱治疗舱室同时连续供水不小于 1 min 的水量。

（5）灭火装置控制系统的响应时间不大于 3 s。

（6）灭火装置的喷水驱动能源之一是氮气瓶组供气。氮气瓶组的储备容量应满足舱内保护面积上在规定的喷水强度下连续工作 1 min 的要求。

水喷淋灭火技术是防止火灾的重要措施,务必保证可靠、有效。水喷淋灭火装置的供水、供电、供气应是独立单元,水喷淋灭火装置与氧舱电气系统应有联动效应,当发生火灾时,氧舱控制台上同时出现声光指示并启动应急照明和通信。

## 11.4.2 基本组成

水喷淋灭火系统由压力气源、减压阀、压力水柜、管道、雨淋阀组、控制元件及水雾喷头等组成。

## 11.4.3 工作原理

水喷淋灭火技术的原理是在氧舱起火的时刻,水喷淋灭火装置即刻手动或自动启动,其系统的专用消防水能克服舱内压力的阻力以足够大的喷淋强度喷射水雾并持续一定的时间,及时将舱内火灾扑灭,从而保护舱内人员安全。以互为过渡的两个舱室的氧舱为例,其系统原理见图 11-1。

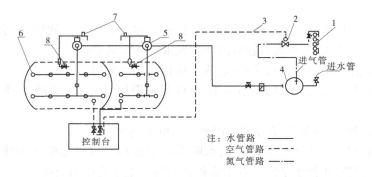

注:水管路　———
　　空气管路　------
　　氮气管路　—·—

1—压力气源;2—减压器;3—管路;4—压力水柜;5—雨淋阀;6—水雾喷头;7—舱外控制阀;8—舱内控制阀。

**图 11-1　水喷淋系统原理图**

舱内起火时,通过开启舱内或舱外任何一个阀门,即可启动水喷淋灭火装置达到扑灭火灾的目的。氮气管路主要是向压力水柜提供驱动能量,使压力水柜里的消防用水以较高水压进入舱内。空气管路的作用主要是采集舱内压力信号,供减压器调节输出压力之用。

设计制造要求如下：

（1）压力水柜的设计、制造和试验应符合 GB/T 150 及 TSG 21 的有关规定。

（2）灭火装置的舱内水雾喷头布置方式应保证提供均匀的喷淋覆盖面。

（3）灭火装置的管路中采用电动（电磁）元件时，正常供电中断能自动转入氧舱应急电源供电工况。

（4）压力水柜应设有液位指示器，在低水位时应有输出信号，自动关闭供水管路输出阀门，防止氮气进入舱内。

（5）灭火装置的供水管路及阀件应选用耐腐蚀的铜材或不锈钢材料。压力水柜内部应作防锈涂层处理。

（6）灭火装置管路及附件在安装前应进行脱脂处理。管路进行密封性试验。

# 第 12 章　氧舱操作规程

氧舱操作规程是对氧舱安全操作制度所做的各项规定,是确保氧舱正常运行的重要一环。氧舱的操作规程包括进舱须知、空气加压氧舱的操作规程、氧气加压舱的操作规程和紧急情况下的应急操作规程4部分内容。

## 12.1　进舱须知

进入氧舱的人员,叫进舱人员。进舱人员包括患者和陪舱人员。陪舱人员可以是家属或医护人员。

进舱人员必须知道下述注意事项:

(1)患者须经过高压氧科医生检查、诊断,确认高压氧治疗适应证,并持治疗卡登记后,方可进舱,陪舱人员须经医生的同意方可进舱护理患者。

(2)进舱人员进舱前必须练习、掌握咽鼓管的开张动作(如鼓气或吞咽动作的练习)。

(3)发现有发热感冒、鼻塞、出血倾向等的患者不能进舱。

(4)进舱人员进舱前应排空大便、小便,更换全棉患者服、换鞋,不得穿着化纤衣物进舱。

(5)进舱人员严禁带入火柴、打火机、手机和发火玩具等易燃、易爆物品。

(6)进舱人员不得携带钢笔、手表等受压易坏物品。

对进氧气加压舱的人员,除以上6条外,还应遵守:①进舱前一天应洗头、洗澡,严禁用发胶及油脂类化妆品;②进舱前将头发喷湿,并戴纯棉帽,将头发全部塞入帽内;③自带的内衣、袜、胸罩、尿布和被褥等物一律不得入舱;④进舱后自然舒适躺平,严禁剧烈活动,尤其是头部不要乱动,以防产生静电。

## 12.2　空气加压氧舱的操作规程

空气加压氧舱的操作规程包括:加压前的准备、加压、稳压、减压、出舱后整理,以及过渡舱、递物筒的操作方法等。

### 12.2.1　加压前的准备

加压前的准备包括设备的检查和进舱人员的检查两部分。

(1)检查压缩空气的储量,应满足治疗的用气量(包括可能发生的应急用气量)。储备气量应提前12 h完成充气,以利于压缩空气的降温和净化。检查供气系统的压缩机、压力表、阀门、空气过滤器等均应处于良好状态。

(2)检查氧气的储量,应满足治疗的用氧量。检查供氧系统的氧气回流排、氧气减压器、供氧阀等应无泄漏、无油脂、无变形等;供氧室应通风、严禁烟火。开阀供氧,压力应调到 0.4~0.6 MPa。

（3）打开电源检查控制台各仪器、仪表是否完好,指示灯、信号灯是否正常。打开舱内照明应正常。打开对讲机,调节适宜音量;检查应急呼叫装置应正常。测氧仪每次使用前应用空气校准（21.0%）,调好报警点（23.0%）,试用报警信号与记录仪等。检查电视荧屏,应能观察到舱内各个座位。

（4）检查舱体、舱门、观察窗、递物筒等处应无异常;检查控制台的进气阀、排气阀、舱间平衡阀、供氧阀、排氧阀、应急卸压阀和舱体安全阀,均应处于正常状态。检查舱内吸氧管路（包括面罩）,在供氧状态下无泄漏声。检查应急医药箱内备用药品、器械,应齐全有效。

（5）检查氧舱空调器应正常,并设定舱温。

（6）对进舱人员按“进舱须知”逐一检查他们的着装、携带品等。

（7）指导进舱人员掌握咽鼓管的启开,正确使用吸氧面罩和舱外的联络方法、应急呼叫装置的使用、吸引器的用法、应急泄压阀和舱用灭火器的位置与用法等。

（8）多人舱的操作必须由 2 人同时值班:1 人操舱,1 人监督。

## 12.2.2　加压

（1）关闭舱门。

（2）通过对讲机通知舱内“开始加压”,让舱内人员准备鼓气或做吞咽动作。

（3）打开加压舱进气阀（排气阀处于关闭状态）,加压速度应缓慢匀速,尤其是在 0.03 MPa 以前的初始阶段,以 0.004~0.005 MPa/min 速率为宜。

（4）当舱内有人因中耳受压疼痛或不适时,应一边减慢加压速度,一边指导舱内人员正确鼓气,必要时停止加压或稍微减（降）些压力,耐心协助舱内人员鼓开咽鼓管;经努力中耳受压疼痛难以消失者,不能继续加压,应经过渡舱单独减压出舱;治疗舱则可继续正常加压,并不断询问舱内人员的感觉,可通过荧屏注视舱内动态。

（5）当舱压超过 0.03 MPa 后,加压速度可适当加大,当舱压升到预定治疗压力值后,关闭加压舱的进气阀,停止加压。

## 12.2.3　稳压

维持舱内治疗压力不变,即为稳压,也称高压下停留气,此阶段的操作如下:

（1）通知舱内人员戴好吸氧面罩,并及时打开控制台上的供氧阀,同时按舱内人员的多少打开调节排氧（流量）阀,注意控制台上各患者的吸氧流量计的工况,并记录吸氧气开始时间。通过电视荧屏或观察窗注意舱内人员的吸氧情况,有熟睡或没戴好吸氧面罩者,应及时提醒纠正;若出现不正常表现——流口水、脸部肌肉抽搐等（氧中毒症兆）,应立即通知其停止吸氧（摘下吸氧面罩）,改吸舱内空气,并继续密切观察其变化。患者若感到不适应向舱外报告,不得敲击舱内的仪表或观察窗。

（2）当舱内出现氧的体积分数超过 23.0%,应及时进行通风换气。通风换气最好安排在吸氧休息期间进行。实施氧舱通风的方法是同时操作氧舱的进、排气阀,使进气量等于排气量(以舱压表的指针稳定为准)。通风量可以在舱外排气管路上接一只空气流量计来测定,流量计出口排空。通风量大小与舱内人员数成正比,一般可按每人 40 L/min 左右的流量进行调节。在条件许可的情况下通风量可以稍大一点,以利于通风效果;同时,可边通风边观测舱内氧的体积分数,当舱内氧的体积分数降到23.0%以下时,即可停止通风。

（3）吸氧治疗期间患者应保持舱内卫生和环境的安静,尽可能减少舱内的噪声,以利于治疗效果,也利于操舱员在舱外监听舱内人员的呼吸节律。

（4）按照治疗方案,严格掌握吸氧时间。通常为每吸氧 20~40 min 摘下吸氧面罩吸舱内空气 5~10 min。通过对讲机指挥舱内人员。

（5）在高气压条件下舱内外人员的进出需要通过过渡舱,舱内外物品(小件)的传递需要通过递物筒;两者通常都在稳压阶段进行,属于稳压期间的操作。具体操作步骤见下面介绍。

## 12.2.4　过渡舱的操作方法

双舱三门式或四门式氧舱,设有主(治疗)舱和过渡舱。过渡舱是为人员(或大件物品)进、出治疗舱而设,它的操作方法分为舱内人员回到舱外和舱外人员进入舱内两部分。

### 12.2.4.1　舱内人员回到舱外

（1）关闭过渡舱外门,锁紧。

（2）向过渡舱注气加压,直至与主舱压力相等。

（3）打开过渡舱与主舱间的平衡阀,使两舱压力平衡。

（4）打开舱间门,让治疗舱中要外出的人员进入过渡舱内,关闭舱间门。

（5）关闭舱间平衡阀,开过渡舱排气阀,进行减压(按治疗方案规定进行)。同时注意治疗舱压力表,防止治疗舱压力在过渡舱减压时下降。

（6）待过渡舱压力减至零,开过渡舱外侧门,人员出舱。

### 12.2.4.2　舱外人员进入舱内

（1）检查关闭舱间门及平衡阀,打开过渡舱排气阀(注意治疗舱的压力不能跟着下降),使过渡舱压力表为零,开过渡舱外侧门。

（2）进舱人员进入过渡舱,关闭过渡舱外侧门。开过渡舱进气阀注气加压,同时询问过渡舱内人员的感觉情况。

（3）当过渡舱压力与治疗舱压力相等后,打开过舱间平衡阀。

（4）开舱间门,过渡舱内人员进入治疗舱,同时关闭舱间门。

（5）根据需要可以排放过渡舱中气体,到压力为零,开过渡舱外侧门。

## 12.2.5　递物筒的操作方法

递物分由舱内向舱外递物和由舱外向舱内递物两个部分。

### 12.2.5.1　由舱内向舱外递物

（1）确认关闭递物筒外盖及平衡阀。

（2）由舱内人员打开内盖平衡阀,向筒内注气加压。

（3）打开递物筒内盖,放入物品。

（4）关闭内盖,关闭内盖平衡阀。

（5）通知舱外人员"内盖已关闭,可向筒内取物"。

（6）舱外人员打开外盖平衡阀排气,当递物筒上压力表指针降为零时,打开外盖取物。

（7）关闭外盖及平衡阀。

### 12.2.5.2　由舱外向舱内递物

（1）舱内人员关闭递物筒内盖和内筒平衡阀。

（2）由舱外人员打开外盖平衡阀排气,表压为零。

（3）打开递物筒外盖,放入物品。

（4）关闭递物筒外盖及平衡阀。

（5）通知舱内人员外盖已关闭,可向筒内取物。

（6）舱内人员打开内筒平衡阀向筒内注气,当注气声消失时,即可打开内盖取物。

（7）关闭内盖及内筒平衡阀。

注意事项:①由于递物筒的内外盖均为外开式结构,在操用递物筒时,操作人员必须站在筒盖的侧旁,防止筒内压力未平衡的气压弹开筒盖时伤人。②操作递物筒时,禁止舱内、外盖上的平衡阀同时处于开启状态。

## 12.2.6　减压

排放舱内气体将舱压降至常压的过程即为减压阶段。减压方法有等速减压、阶段减压和吸氧减压等多种。高压氧治疗的减压方法应严格按照治疗方案中的规定进行,若治疗压力超过 0.12 MPa(表压),则总减压时间不得少于 20 min。

（1）通知舱内人员"摘下吸氧面罩,准备减压"。关闭控制台供氧总阀,准备减压。关小排氧阀,但不要完全关闭,以防止减压时排氧管中的氧气返回舱内,使舱内氧的体积分数逐渐上升。

（2）通知舱内人员,"要注意保暖""要平静呼吸,不要屏气或熟睡""不要把裸露的肢体靠贴于舱壁或其他金属器皿上"。通过电视荧屏连续、密切注视舱内情况。

（3）打开氧舱的排气阀减压,按照治疗方案,用等速减压法控制减压速率。

（4）注意舱温的变化,舱内出现雾气属于正常现象,可采用边减压边通风方法排除雾气。

（5）注意舱内人员的情况。不断询问舱内人员"感觉怎样",发现有人不适时要及时停止减压,出现严重症状(如咳嗽、呕吐、抽搐、肢体关节发痒、疼痛等)时,要再"加压治疗",必要时可在高压下转至潜水加压舱内进行治疗。

（6）减压结束后(舱压表指针为零)才可开舱门,防止带压开门(尤其是外开式舱门)伤人。

### 12.2.7　出舱后整理

（1）询问舱内人员感觉情况，得到"感觉度好"回答后才能出舱。同时听取舱内人员对舱内设备状况的反应。

（2）及时排除舱内人员对设备所反映的问题。

（3）打扫舱内卫生，清理吸引器并消毒。按"消毒、隔离常规"对舱内进行消毒、通风。

（4）关闭压缩空气和氧气气源控制阀，排放系统内多余压力，加压舱控制台上所有压力表指针应回复到零位，关闭加压舱的平衡阀、排氧阀、排气阀等。

（5）关闭所有仪器、仪表电源开关，关闭总电源。

（6）松开舱门，使舱门的密封圈处于松弛状态。

# 12.3　氧气加压舱的操作规程

（1）高压氧治疗的患者，须经高压氧专科医生检查同意后凭卡治疗。应准时到达，过时不候。

（2）严禁将火种（如打火机、火柴、手机等）及易燃、易爆、易挥发物品（如汽油、油脂）带入舱内，必须穿纯棉衣服入舱。

（3）勿将手表、钢笔及其他与治疗无关的物品带入舱内。

（4）进舱前要排空大、小便。

（5）按要求更换医院专用服装和鞋套。

（6）在治疗过程中出现不适应，随时报告医务人员，等候处置。

（7）进舱治疗必须服从医务人员指挥。

（8）加压过程中，在医务人员指导下做好中耳调压，出现耳痛等不适及时向医务人员说明。

（9）吸氧时，请勿过度呼吸，如果出现口唇、肢体麻木或抽搐立即停止吸氧，及时报告医务人员。

（10）切勿随意乱动舱内设备，以免发生意外。

（11）保持舱内安静整洁。

### 12.3.1　加压前准备

（1）检查氧舱设备和电气系统是否处于良好状态，不得带故障使用。

（2）检查氧气气源，应备好足够的氧气贮量。打开总阀检查氧气减压器和供氧系统应无漏氧，将氧输出表压调定在 0.4～0.6 MPa。如婴幼儿氧舱，则氧输出表压不得大于 0.2 MPa。

（3）打开外照明开关，应处于正常状态。

（4）调节对讲机音响于适宜状态。

（5）检查测氧仪的读数是否准确，记录仪的使用性能应处于良好状态。

（6）如果室温过高，需采取适当的降温措施。

（7）帮助患者固定好静电接地装置。

（8）按照"进舱须知"要求，检查进舱人员携带的物品；衣服要全部换成纯棉衣裤，戴纯棉帽，头发喷湿并塞入帽内；脸部化妆品是否全部洗净。

（9）操舱员协助患者进舱，关闭舱门。

## 12.3.2　加压

氧气加压舱在加压前习惯上用氧气洗舱，以提高舱内氧的体积分数，但是舱内着火的可能性也增大了。实际上，国内不少医院的氧气加压舱的使用都不洗舱。理论计算和实际经验均表明：不洗舱，高压下舱内的体积分数可以超过 70%，氧压可达 0.22 MPa，完全可以满足高压氧治疗的临床使用要求。所以，在操作程序中删除了洗舱过程。

（1）通知患者做好准备，开始加压。

（2）初始阶段应按 0.004 MPa/min 速率缓慢加压，当表压过了 0.03 MPa 后可适当增速。这期间要严密观察，并不断与患者联系。

（3）在加压期间除不断询问外，还要注意患者的反应，如有不适，如咽鼓管不畅通，有疼痛感，应及时停止加压，必要时可减压。一般当舱压高于 0.03 MPa 后，咽鼓管就已畅通。

## 12.3.3　稳压

（1）氧气加压舱的治疗与多人舱的治疗不同，患者在单人舱内从加压开始就吸高浓度氧气，其呼出气也混合在舱内，所以除要保持舱内高浓度氧外，还要排除混杂于舱内的有害气体，则用氧气通风一次，一次 3~5 min。通风除排除废气外，也起到降温作用。

（2）由于通风排出气的氧的体积分数很高，所以在排气口附近要特别注意：严禁烟火与油脂，防止发生火灾！

（3）稳压期间，特别注意舱内患者的不良反应，出现脸部肌肉抽搐、流涎等，要及时停止治疗，立即减压出舱。

## 12.3.4　减压

（1）高压下停留结束，则开始减压，减压前要通知舱内患者。

（2）打开排氧阀，按治疗方案中规定的方法排氧减压。

（3）减压期间，要密切注视患者反应，不断询问"感觉如何"直至舱压回到常压。

（4）当舱压回到常压，舱内外压力平衡后，方可开舱门，患者出舱后仍要询问感觉，并填写好治疗记录。

## 12.3.5　出舱后的整理

（1）舱内如有冷凝水，应放空擦净，进行必要的卫生与消毒。

（2）关闭控制台所有仪器（如照明、对讲机、测氧仪等），最后关闭电源。

（3）关闭氧气瓶阀，排空管道内残气。

（4）及时排除在使用过程中出现的故障，让氧舱恢复完好的备用状态。

### 12.3.6　婴幼儿氧舱操作规程

（1）治疗前常规检查氧舱有机玻璃筒体、所有仪表、检测系统、供排氧系统等部件，一切正常方可使用。

（2）关闭在婴幼儿氧舱控制板上的供排氧阀及氧舱减压阀，然后缓慢开启氧气瓶调节器或供氧管路截止阀，再逐渐调整减压阀的输出压力，输出压力不得大于 0.15 MPa。

（3）打开舱门，拉出托盘，用纯棉被服包裹婴幼儿后放置在托盘上，侧卧固定，然后轻轻推入，关紧舱门。

（4）开启供氧控制阀、供氧流量计针型阀进行加压，减压时开启排氧阀和排氧流量计针型阀。加、减压过程宜平缓。

（5）婴幼儿治疗所采用的加减压速率、治疗压力及治疗时间由医务人员按婴幼儿年龄及病情制定，严密观察婴儿情况。

（6）高压氧治疗氧浓度（体积分数）应达到 80% 以上。

（7）严密观察并记录患儿治疗情况，做好操舱记录。

（8）操舱结束后，打开舱门，拉出托盘，抱出婴幼儿，观察无异常情况方允许离开。

（9）治疗中如发生紧急情况应快速排气，并调节舱门紧急减压。

## 12.4　氧舱紧急情况下的应急操作规程

当舱内发生火灾或其他危及生命安全的紧急情况时，舱内、舱外人员应采取以下应急操作。

### 12.4.1　舱外人员的操作

（1）迅速打开氧舱的排气阀及应急卸压阀。

（2）如发生火灾，应迅速关闭向舱内的供氧、供气阀及电源；启动水喷淋灭火系统，同时打开应急的舱内面罩呼吸系统（如有的话），通过面罩向舱内人员供空气，防止舱内人员缺氧窒息。

（3）打开舱门，救出舱内人员，组织救治。

（4）保护火灾现场，如实向上级机关报告。

### 12.4.2　舱内人员的操作

（1）舱内发现烟火，立即用舱内灭火器将它消灭在萌芽状态，并向舱外报警。停止吸氧，配合舱外，打开舱内泄压阀减压。

（2）舱内人员一定要冷静处事，不要挤在舱门口，避免开门时受阻或受伤。

# 12.5　附属设备操作规程

## 12.5.1　空压机操作规程

### 12.5.1.1　常规启动步骤

（1）打开通向供气系统的截止阀门。

（2）预设好控制参数后按启动按钮。

（3）观察启动后的压缩机是否有异常振动、噪声,气/油渗漏,若发现问题,应立即停机进行改正。

（4）关上所有的隔音罩门,以控制机组的噪声,保证冷却空气的正常流动。

（5）缓慢关闭供气截止阀,检查机组是否按设定卸载。

（6）检查各状态参数指示值是否正常。

（7）压缩机运行的第一个小时应仔细观察运行情况,以后 7 h 随时进行观察,若有异常,应停机检修。

（8）初次运行后,按停机程序停机,检查油箱是否需要加注润滑油;检查各连接处是否有松动。

注意:①为防止润滑油起泡,降低系统滤油效率,也为保护电机,机组两次启动时间间隔不少于 5 min。②要定期放出油气桶底部的冷凝水。放出冷凝水的操作应在启动机组前进行。③要定期(每周)放出控制管路过滤器底部的冷凝水。放出冷凝水的操作应在启动机组前进行。

### 12.5.1.2　停机程序

（1）按停止按钮。

（2）关闭通向供气系统的截止阀。

（3）切断电源开关。

注意:停机时关闭截止阀可避免由于止回阀的损坏而导致供气系统的压缩空气倒流回压缩机引起泄漏和机件的损坏。

急停停机:在非正常情况下按急停/复位开关停机,并切断电源开关。

## 12.5.2　递物筒操作规程

（1）在舱内压力状况下使用递物筒向舱内递物时,递物筒内外盖处于关闭状态。首先打开外盖放气阀,将递物筒内气体放尽。

（2）待递物筒压力表指针位于零,听不到放气声且压力自锁装置处于复位状态时再松开回转环。

（3）打开递物筒外盖,放进所需送入舱内的物品,然后再将外盖关上。

（4）转动回转环压紧外盖,关闭外放气阀。

（5）通知舱内人员,打开递物筒内盖上的放气阀,将递物筒内放气,待听不到放气声时再松开内盖上的压紧螺母。

（6）打开递物筒内盖取出所需物品,然后再关上递物筒内盖。

（7）拧紧压紧螺母,关闭内放气阀,通知舱外人员内盖已关好,并让舱外人员将递物筒内的气体放尽。

（8）用递物筒在压力状况下由舱内向舱外递物时,首先通知舱外人员关严外盖和外盖放气阀后,再打开内盖放气阀向递物筒放气,按松开压紧螺母,开内盖,放物品,关内盖及放气阀,开外盖放气阀放气,松回转环,开外盖取物品的程序操作。

（9）应每天检查递物筒压力自锁装置的可靠性,有故障时应请厂家专业人员实施维修。

## 12.5.3　急救供氧操作规程

（1）连接吸氧装置与舱内面板的接口。

（2）开启控制台上的急救供氧阀。

（3）开启舱内急救供氧阀及流量计阀,调节阀门开启度,满足病员吸氧流量需要。

## 12.5.4　负压吸引操作规程

（1）在吸痰瓶内加入小部分水。

（2）在舱内将吸痰瓶与控制面板上的接口连接。

（3）当舱压升至 0.04 MPa 以上时,调节吸引控制阀,保持适宜的负压,完成对病员的吸痰。

## 12.5.5　应急减压操作规程

（1）治疗舱和过渡舱的舱外均设有应急减压阀,应急减压阀外贴有明显的"应急减压"标识和开关标识,按开关标识进行操作。

（2）应急减压阀应在舱内出现紧急情况下使用,必须是在舱外操舱人员的指令下,方可操作,不得随意触动。

## 12.5.6　消防喷淋操作规程

（1）治疗舱和过渡舱的舱外均设有消防喷淋阀,消防喷淋阀外贴有明显的"消防灭火"标识和开关标识,按开关标识进行操作。

（2）消防喷淋阀应在舱内出现火警情况下使用,操舱人员应在第一时间打开舱外的专用阀门,并同时通过对讲系统告知舱内人员打开舱内阀门。同时按照说明书中应急处理程序的要求操作和处理其他事项。

## 12.5.7　贮水罐换水操作规程

（1）关闭进气阀。

（2）缓慢开启顶部排空阀。

（3）观察贮水罐上压力表降到 0.4 MPa 后,缓慢开启水罐最底部排污(水)阀,直到罐体内的水排干净。

（4）关闭水罐底部排污（水）阀。

（5）打开排空阀。

（6）打开供水阀（打开顶部进水阀,观察液位计加至所需水位）。

（7）依次关闭所有阀门。

（8）打开进气阀补气。

注意:在加水过程中工作人员应密切观察水位,不能离开现场,以免水位加过溢出罐体。

## 12.5.8　呼吸调节器及面罩使用操作规程

（1）呼吸调节器安置于舱内供排氧管路上,并置于座椅护板内部,为了检修方便留有带锁具的检修门,打开检修门可以看到调节器。

（2）调节器通过供排氧波纹管与面罩相连,供病员吸排氧,供排氧管通过三通隔开。当不吸氧时应将波纹管及三通等挂在舱壁指定位置上或置于专用的小盒内。

（3）调节器应由专业人员进行调整和检修,应经常检查其密封性能,一旦有泄漏应停用并检修,调节器的密封垫应定期更换。

（4）操舱人员应指导舱内病员吸氧时正确佩戴面罩,应按人的脸型和大小选择不同类型的面罩,以确保吸氧者所戴面罩的贴合紧密性,防止或最小限度地减少向舱内漏氧。

（5）面罩每次吸氧前应进行消毒处理,波纹管和调节器应定期消毒和清理。

## 12.5.9　医用空气加压氧舱操作规程

### 12.5.9.1　开舱前准备

（1）每次开舱前务必重复检查氧舱各个系统及设备是否处于完好状态,氧舱必须确保完好无故障情况下,才可开舱使用,严禁氧舱带故障开舱使用。

（2）检查压缩空气气源并打开供气阀,检查控制台上空气气源压力表,储气罐应保持满罐压力。

（3）配有气动加减压装置的氧舱关闭遥控板上各操作旋钮后,打开遥控气源控制气路,并将压力调整至 0.12 MPa。配有电动加减压或微机系统的氧舱,应打开有关电源及微机系统,同时检查 UPS 的工作状况。

（4）检查控制台上各手动加减压阀和供排氧阀、舱内外应急减压阀、急救供氧阀、负压吸引阀、舱室连通平衡阀均应处在关闭状态,关闭递物筒内外放气阀。

（5）检查氧气气源,根据吸氧治疗需要,一次备足所需氧气并接入汇流排,打开氧气瓶和供氧阀,并调整氧气减压器使供氧压力控制在 0.55~0.60 MPa。

（6）打开控制台钥匙开关,打开所有 UPS 开关,提前 10 min 打开测氧仪开关使之显示数字稳定,开启定标空气阀,校准测氧仪使之数字显示"21.0%"。如果测氧仪处于非正常工作状态,禁止使用氧舱。

（7）开启供氧阀及单人供氧流量计和舱内供氧隔离阀,检查呼吸调节器是否正常,如发现供氧流量计浮子上升跳动,表明供氧管路或呼吸调节器泄漏,应修复后方可使用,检查完毕应关闭供氧阀门,供氧流量计和舱内供氧隔断阀应处于开启状态。

(8)接通所需使用各种仪器、仪表电源,打开舱内照明开关,检查各仪器、仪表的功能是否正常,准备迎接病员进舱。

(9)如需使用空调系统,应按空调系统操作使用方法程序检查空调系统设备。

(10)检查进舱人员的穿着和携带物是否符合安全要求,严禁携带易燃、易爆等危险品及手机、手表等物品进舱,交待有关进舱注意事项及吸氧方法。抢救危重病员时应备好相应的药品和器械,必要时应安排陪舱医护人员。

### 12.5.9.2　加压

(1)关闭舱门,单独使用治疗舱时应关闭治疗舱内前后门,单独使用过渡舱时应关闭过渡舱前后门。四门式舱不应将两室联通使用,应留有一舱室作为过渡舱使用,以便出现病员异常情况时医护人员在压力状况下进出舱协助治疗。

(2)按不同病例确定治疗方案和加压速率。在通常的病例中,加压速率应控制在 $0.010\sim0.025$ MPa/min。

(3)加压一般采用间断加压方式,即加压至 $0.010\sim0.03$ MPa 时应稳压 $2\sim3$ min,了解病人在加压过程中是否有显著不适状况,如无显著不适状况可继续缓慢加压至 $0.06\sim0.07$ MPa 和 $0.15$ MPa 等几个阶段,每个阶段都应停留 $2\sim3$ min,使病员逐步适应不同阶段的压力环境。加压时如病员有明显身体不适,应停止加压,待恢复正常后再继续加压,不能恢复正常时应使其减压出舱。

### 12.5.9.3　稳压吸氧

(1)舱内加压至设定压力值,并恒定在这个压力值称为稳压,又称高压下停留。这时高压空气中的氧分压要比常压下的氧分压高,并向人体各个机能组织和细胞进行渗透,使人体血液中含氧量迅速提高。

(2)通知舱内人员做好吸氧准备,操舱人员打开控制台上的供氧阀,供氧压力应保持在 $0.55\sim0.60$ MPa,并将单人供氧流量计开至最大开度,并开始记录吸氧时间。

(3)舱内人员开始吸氧应戴紧面罩并应同时打开排氧阀。排氧阀手轮带有刻度计,应调节排氧阀直至吸氧人员感觉呼吸顺畅,舱内压力基本稳定时为宜。

(4)吸氧期间,打开环境氧浓度采气流量计,监测舱内环境气体的氧浓度,严格控制氧浓度在 $23\%$(人均舱室 $\geqslant3$ m³/人)以内,如氧浓度增高过快应查明原因并及时处理,同时应实施换气通风,使氧浓度维持在规定的范围内。如果氧浓度持续超过 $23\%$,应停止治疗过程,同时停舱检修。

(5)吸氧结束时应及时关闭氧气气源。

### 12.5.9.4　减压

(1)通知舱内人员准备减压,如环境温度较低需使用空调制热,应提前启动空调系统。

(2)按规定的减压方案进行减压,一般可按 $0.005\sim0.01$ MPa/min 的速率匀速减压,总减压时间以 $20\sim40$ min 为宜。

(3)减压过程中注意舱内人员情况,有不适反应时可降低减压速率,减至 $0.03$ MPa 时可将减压阀门全部打开。

### 12.5.10　测氧仪操作规程

#### 12.5.10.1　开机运行

仪器接入电源后,打开电源开关,进入预热倒计时状态(该预热时间可自行设置,见设置参数)。倒计时完毕,自动运行。

#### 12.5.10.2　参数设置

若要改变某些参数,如上下限报警值、打印间隔、氧浓度定标等,则需进入"设置参数"菜单,对相应参数进行修改或操作。

正常运行后按"取消/设置"键,仪器显示"F3-1","F3-1"同时闪动,表示是否需要确认参数设置。如确认按"确认/查询"键,此时只有"1"在闪动,表示进入参数设置菜单选择,按"▲""▼"键进行选择,按"确认/查询"键即可对相应参数进行设置或操作,按"取消"键取消参数设置或操作。

F3-1　　代表时钟设置;

F3-2　　代表预热时间设置;

F3-3　　代表打印间隔设置;

F3-4　　代表报警上限设置;

F3-5　　代表报警下限设置;

F3-6　　代表氧浓度定标设置;

F3-7　　代表传感器数据查询;

ERR-95　代表传感器失效,请更换新传感器。

1. 时钟设置

进入"F3-1"即"时钟设置"后,按"确认/查询"键分别进入界面。显示的数字依次为年、月、日、时、分、秒,按"确认"选择待修改位,按"▲""▼"键修改选中位数值。待所有数值修改完毕后,按"确认/查询"键,仪器发出"嘀"响声表示设置成功,同时回到"F3-1"界面。

2. 预热时间

选择"F3-2"即"预热时间设置",按"确认/查询"键进入界面。按"确认"键选择待修改位,按"▲""▼"键调整预热时间的数值大小。调整完毕后按"确认/查询"键仪器发出"嘀"响声表示设置成功,同时回到"F3-2"界面。

仪器的预热时间可根据环境温度而定,一般不超过 5 min。

3. 打印间隔设置

选择"F3-3"即"打印间隔设置",按"确认/查询"键进入界面,按"▲""▼"键来调整数值(最大 59 s)。调整完毕,按"确认/查询"键,仪器发出"嘀"响声表示设置成功,同时回到"F3-3"界面。

打印间隔是指打印机每相邻动作两次所需要的时间,打印机动作一次,打印输出为一个点,因此打印间隔实际上是打印机每打印两个点所需要的时间,例如:打印间隔设定为 30 s,即打印机每 30 s 动作一次。

### 12.5.11　空调系统操作规程

打开空调电源开关,打开空调控制器开关,设定好制热或制冷模式,设定好温度,按空调变频器"RUN"运行,从 0 升到 50。

注意:变频器闪烁时代表变频器没有工作。

### 12.5.12　配套容器排污操作规程

配套容器需定时排污,排污时须保持一定压力(建议减压时排污),减压在 0.05 MPa 时点击操作台集中控制板上的"排污"按钮,4~5 s 后关闭即可。

油水分离器:2~3 d 排污 1 次或 1 周至少排污 1~2 次。

管道过滤器:2~3 d 排污 1 次或 1 周至少排污 1~2 次。

储气罐:1 月排污 1 次。

空气过滤器:2~3 个月排污 1 次。

舱体:夏季 2~3 d 排污 1 次或至少 1 周排污 1 次;冬季 1 月排污 2 次。

排氧集水器:水位不能超过集水器的 3/4 位置(随时观察)。

### 12.5.13　空气过滤器滤芯更换操作规程

空气过滤器滤芯需定期更换,更换周期为 12 个月,更换时关闭储气罐出口阀门,打开过滤器下端排污阀,将管道内压力卸掉,打开空气过滤器,将棉纱层和活性炭清除,更换新的棉纱层和活性炭,更换后回装。打开储气罐出气阀,用肥皂水检测拆卸回装部位有无漏气。

### 12.5.14　管道过滤器滤芯更换操作规程

管道过滤器滤芯需定期更换,更换周期为 6 个月,更换时保证空压机处于关机状态,关闭储气罐进气阀,打开过滤器下端排污阀,将管道内压力卸掉,打开管道过滤器,将原滤芯拆除,安装新滤芯(滤芯型号:Q060),安装滤芯后回装。打开储气罐进气阀,用肥皂水检测拆卸回装部位有无漏气。

### 12.5.15　清洗消毒操作规程

(1)操舱人员上班时应着工作服,戴工作帽。无菌操作时,必须戴口罩,严格执行无菌操作的有关规范。

(2)每次治疗结束后应通风换气,及时清扫、拖地,舱内地面、座椅、吸氧盒等物品必须每天清扫,并擦干净,舱内每天用紫外线空气消毒 30 min。

(3)每月应进行一次彻底打扫舱内、急诊室、登记室卫生,并进行长时间空气消毒。

(4)舱内沙发座椅防火布套应每周清洗一次,并进行一次高压蒸汽消毒。

(5)舱内呼吸装具的吸排氧管应每周取下清洗一次并用消毒水消毒。

(6)每人专用面罩,病人每次用后及时清洗,用前酒精擦拭。

# 12.6　医用氧舱应急处理程序

## 12.6.1　高压氧治疗的事故类型

（1）舱内失火。

（2）氧舱壳体或附属压力容器（如储气罐、空气过滤器、空压机储罐等）发生爆裂，或以上设备发生严重泄漏。

（3）系统漏电或触电事件。

（4）严重肺气压伤、急性减压病、重度中枢型氧中毒等高压氧不适应症。

（5）医疗责任事故。

## 12.6.2　紧急情况的处理

（1）火种、易燃易爆品入舱，应立即减压出舱或通过递物筒送出舱外。

（2）舱体严重泄漏、测氧仪失灵或损坏、有机玻璃窗有裂纹、压力表或安全阀有故障等，必须停止治疗过程，减压出舱。

（3）心肺脑复苏病人气胸漏诊进舱，或在治疗过程中发生自发性气胸者，应请专业医师进舱，进行紧急胸腔负压引流术后方可减压出舱。

（4）治疗过程中，如发现病人口唇及面部肌肉抽搐，或恶心、出汗、眩晕等症状，应立即终止治疗，通过过渡舱或整舱减压出舱，必要时采取紧急减压出舱。

（5）其他一些高压氧禁忌症患者漏诊进舱时，也必须果断采取措施，减压停止治疗过程。

## 12.6.3　发生火情的处理程序

### 12.6.3.1　火情在舱外（如氧气间或治疗间发生火灾）

（1）应立即组织全部力量，采取果断措施，全力扑灭火情。

（2）在第一时间打火警电话报警，同时报医院安全或消防管理部门。

（3）立即关闭供氧系统，切断所有电源，储气罐紧急泄压，终止治疗过程，减压出舱。

（4）逐级报告火灾情况，分析失火原因，制订纠正和/或预防措施，必要时，请专家参与分析和处理。

### 12.6.3.2　火情在舱内

（1）立即启动氧舱水喷淋系统，同时切断供氧系统和供电系统。

（2）用备用对讲机通知舱内人员保持冷静，开展自救，利用舱内设施（如灭火器）迅速扑灭火情。

（3）切断供电系统时，应启用备用或应急照明。

（4）迅速启动舱内、外应急减压阀，实施紧急减压出舱。

（5）在第一时间报警并报医院领导和安全主管部门。

（6）组织力量进行抢救，防止事故扩大，减少人员伤亡和财产损失。

（7）逐级报告火灾情况，认真查找事故原因。由医院组织专家组进行全面调查，制订并采取有效的纠正和预防措施，举一反三，认真解决问题，同时应将事故原因通报氧舱生产厂家，必要时请厂家参与原因分析、事故调查并参与整改。

（8）如果发生死亡事故，应按国家有关规定报告和处理，不得隐瞒不报、谎报或拖延不报（应同时向安全生产监督管理部门及特种设备安全监督管理部门和上级管理部门同时报告）。

### 12.6.4　发生漏电、触电事故

（1）立即切断电源，启用备用照明和备用对讲。

（2）若漏电发生在舱内，应迅速安排医护抢救人员进舱实施抢救或紧急减压，转运至急救科室按电击伤原则实施急救。

（3）组织有关人员分析和查找原因，制定有效的纠正和预防措施，防止事故再次发生。

（4）报告院领导及医院安全管理部门。

（5）如造成死亡事故，应按国家规定上报。

### 12.6.5　其他事故

（1）有机玻璃爆裂：立即卸压出舱，组织力量将舱内人员转运至有高压氧舱的医院实施急救，防止减压病发生。上报院领导及医院安全管理部门。更换其余全部有机玻璃。

（2）发生肺气压伤：应组织专业医师进舱急救，实施抗休克、心脏功能维持、呼吸畅通、胸腔负压引流后进行减压。

（3）发生中枢型氧中毒：应立即停止吸氧治疗，肌注或静注解痉剂，控制后减压出舱。

### 12.6.6　临时突然停电

（1）利用备用对讲机告知舱内人员，同时要求舱内人员保持安静，取下面罩停止吸氧过程，不得在舱内乱动和随意走动。

（2）如果是在加压过程中停电，应立即查看 UPS 是否正常工作，关闭电动加压阀，必要时开启手动减压阀，保持舱压不再升高。

（3）迅速查明停电原因，向医院有关部门和领导报告。

（4）停止治疗过程，减压出舱，待供电恢复正常后再开舱。

## 12.7　操作规程张贴要求

操作规程应张贴于醒目位置，便于人员观察，张贴位置不能影响设备正常使用和操作，张贴时保证美观、横平竖直。

# 第 13 章　氧舱维护与保养

氧舱维护是在氧舱发生较大的故障之前进行的工作。它包括经常性保养和日常检修两部分内容。加强对氧舱的维护,使氧舱始终在良好的状态下工作是保障氧舱运行安全、减少氧舱故障的重要手段。而氧舱维修则是在氧舱发生故障已不能正常运行时所需进行的工作。本章将介绍氧舱维护方面的有关内容。

## 13.1　氧舱的经常性保养

经常性保养又称日常维护保养,有日保养和周保养两种。保养工作由氧舱维护管理人员进行。保养的方法是"看、听、摸、查、记、清、加、排"。

(1)看各指示仪表的读数是否正常。

(2)听机器设备运转声有无异常。

(3)摸机器设备运转的温升是否超限。

(4)查机器设备运转的漏气、漏水、漏油情况。

(5)记好氧舱运转记录表。

(6)清洁机器设备。

(7)加气、水、油至适宜容量。

(8)排除污水和冷凝水。

经常性保养的有舱体、安全附件、压力表、空气加减压系统等。

### 13.1.1　舱体

(1)舱门的橡胶密封条有无老化、断裂、变形,密封性如何,舱门开关灵活性怎样。

(2)观察窗、照明窗玻璃是否有银纹、划痕。

(3)递物筒内、外盖开启是否灵活,密封圈有无老化、开裂,安全连锁装置和压力平衡阀是否可靠。

(4)应急排气阀开启是否灵活,有无漏气。

(5)舱内导静电装置接地是否良好。

### 13.1.2　安全附件

(1)压力表应半年计量检定 1 次,是否在有效期内。

(2)安全阀应 1 年校验 1 次,是否在有效期内。

(3)测氧仪工作是否正常,氧传感器是否在有效期内。

### 13.1.3　空气加减压系统

(1)空压机运转时有无顶缸、摩擦破碎声,排气量和各级压力是否正常,有无漏气、漏水、漏电现象,有无固定件松动,电机接线是否牢固现象。

(2)气液分离器的排污阀开启是否灵活,通常 30 min 左右排放 1 次。

(3)储气罐每周至少排污 1 次。使用 3 年以上的,应打开人孔检查罐底积水和内壁生锈情况。

(4)空气过滤器的内壁和滤材每年至少清洗和更换 1 次。

(5)消声器应通畅,无阻塞现象。

### 13.1.4　供排氧系统

(1)高低压供排氧管路气密性如何。

(2)氧气减压器的输出压力是否稳定。

(3)舱内患者吸氧时,呼吸感觉是否通畅,有无困难。

(4)氧气流量显示仪表是否灵敏、可靠。

### 13.1.5　电气系统与控制系统

(1)配电箱内所有接线是否牢固。

(2)电压表和电流表的指示是否正常。

(3)应急电源是否投入工作。

(4)对讲机和应急呼叫装置的通话、呼叫是否清晰。

(5)监视装置工作是否正常。

### 13.1.6　空气调节器

(1)舱内、室外机的进、出风口有无堵塞现象。

(2)舱内机空气过滤网半个月左右应清洗 1 次。

(3)有无冷凝水排入舱内。

(4)制冷、制热工况是否正常。

### 13.1.7　消防设施

(1)控制阀件开启是否灵活,有无泄漏。

(2)舱内喷淋头有无堵塞。

(3)喷水强度、喷水时间和响应时间能否达到要求,每年至少测试 1 次。

### 13.1.8　其他

(1)检查交接班记录和氧舱运转记录表。

(2)1 周左右对机器设备的外观进行清理和擦拭。

(3)检查气、水、油容量,低于规定值的应及时补充。

## 13.2　氧舱的日常检修

氧舱的日常检修,又称小修,一般由氧舱维护管理人员和设备科检修人员一起,结合经常性的保养进行,也可根据实际需要制定定期检修程序或计划。有些小修要随时进行。对于经常出现故障的设备仪器,要备有一定量的零配件。一般说来,3 个月左右应进行一次全面的小修。小修的内容有以下几方面:

(1)检查舱内外管路及壳体有无锈蚀,应及时除锈、刷漆。

(2)紧固法兰等连接螺栓,更换密封垫,消除泄漏现象。

(3)对启闭不灵活或者漏气的阀件应进行检查,不能排除故障的更换新阀。

(4)电气线路发现有接触不良、接头有腐蚀、绝缘与接地不可靠等情况应查明原因,及时排除故障。

(5)发现或怀疑安全阀、压力表、测氧仪等安全附件有故障的,应与有关厂商联系或者请国务院特种设备安全监管部门核准的检验检测机构重新检定。

## 13.3　易损件和消耗品的更换

氧舱易损件和消耗品的更换主要有:

(1)舱门及递物筒密封圈、管路接头、法兰、阀门等处的密封垫片是否老化,更换时应采用相同材质的同规格的垫片。

(2)有机玻璃材质的窗体、筒体等,发现有银纹、裂纹、划伤的情况,或到规定更换期限,都应及时更换。

(3)测氧仪的氧电极要定期更换,在实际工作中发现测量值严重异常时,也要考虑更换。

(4)供氧呼吸调节器内橡胶膜片、供排氧波纹管根据实际使用情况发现问题随时更换。

(5)熔断器的熔丝管应按图纸或随机说明书规定的容量和规格更换。不应随意加大或减小,更不能用铜丝代替。

(6)做好易损消耗件的备品工作,如冷光源灯泡、常用开关和按钮、润滑油脂等。

在高压氧舱的使用过程中,除保养检修外,医护人员在正常的操舱工作中,发现的一些异常现象,应及时记录并与维护管理人员联系,及时排除故障现象。若存在安全隐患,应及时结束治疗过程,进行维修,以保证患者及设备的安全。

在做好高压氧舱的维护工作的同时,做好各项记录也是不可忽视的一项工作。维护工作记录包括维护项目、维护时间或发现异常情况的时间、简要现象说明、故障原因、维护过程、维护结果、维护人员签字、操舱人员验收签字等。

# 第 14 章　氧舱常见故障

氧舱一旦发生故障应及时检修,否则就有可能导致舱毁人亡的事故。本章将介绍氧舱故障的诊断方法、氧舱的一些常见故障原因及其排除方法。

## 14.1　氧舱故障诊断方法

氧舱故障诊断常用以下两种方法。

### 14.1.1　经验法

根据实际经验,并借助于简单的仪表,寻找故障部位和故障原因的方法,称为经验法。经验法通常包括下述内容:

(1)看:氧舱指示仪表(如压力表、温度表、指示灯等)示值是否正常;冷却水能否正常排出;紧固螺钉及管接头有无松动等情况。

(2)听:氧舱供排气系统中机器的运转声音是否正常;各处有无漏气声。

(3)闻:氧舱电气与控制系统中,电磁线圈和密封件有无因过热而发出的特殊气味等。

(4)摸:氧舱供排气系统中,各相对运动件外部的温度;各接头处手感有无漏气等。

(5)查:氧舱检验、维修记录;了解日常维护保养工作情况;了解故障发生前的征兆及故障发生时的状况。

经验法简单易行,但由于每个人的经验和判断能力有限,因此诊断故障时存在一定的局限性。

### 14.1.2　推理法

利用逻辑推理,逐步逼近,寻找故障部位和故障原因的方法,称为推理法。

例如,某台空气加压多人氧舱,舱内患者反映戴上氧气面罩时吸氧不畅。经分析,引起这一故障的本质原因是面罩内氧气不足。

氧舱舱内的单向阀、供氧调节器、舱内截止阀、控制台上的氧气流量计、供氧阀、氧气减压阀、过滤器、进气截止阀,以及氧气间内的气源截止阀、氧气气源等部件都有可能出现故障,造成面罩内供氧不足,应逐级进行故障分析,找出故障的真实原因。通过仪器仪表检查部件的技术参数是否合乎要求、对局部管路或系统进行试验,观察对故障征兆的影响,以及用合格的部件代替相同的部件,来判断被更换的部件是否失效等手段,可以快速准确地找到故障的真实原因。

## 14.2　氧舱常见故障及对策

氧舱舱内常见故障见表 14-1~表 14-10。

表 14-1　舱内氧的体积分数逐渐上升

| 现象 | 原因 | 对策 |
|---|---|---|
| 测氧仪的读数不断上升 | 可能测氧仪故障 | 重新用新鲜空气对测氧仪定标 |
| | 供排氧管路在舱内部分有泄漏 | 逐级检查,并排除 |
| | 氧气面罩处有泄漏 | 重新佩戴 |
| | 吸氧期间呼出气体倒流入舱内 | 控制台上的排氧阀和排氧流量计上的节流阀开度适当增大,排除排氧管积水 |
| | 减压时排氧管中的气体返回舱内 | 控制台上的排氧阀和排氧流量计上的节流阀开度适当增大 |

表 14-2　加压前,舱内氧的体积分数过高

| 现象 | 原因 | 对策 |
|---|---|---|
| 加压前,测氧仪测得舱内氧的体积分数为 32% | 氧舱治疗结束未关闭氧源,氧气从控制台上的连续吸氧(即一级吸氧)节流阀,经舱内截止阀(未关闭)漏入舱内 | 加压前,应先对氧舱进行通风换气,直至测氧仪读数返回 21%。每天治疗结束应关闭氧源和舱内一级吸氧的截止阀 |

表 14-3　稳压吸氧期间,舱内氧的体积分数低于 21%

| 现象 | 原因 | 对策 |
|---|---|---|
| 测氧仪读数始终低于 21%,最低达 19.8% | 可能测氧仪故障 | 重新用新鲜空气对测氧仪定标 |
| | 控制台上的排氧阀和(或)排氧流量计上的节流阀开度太大 | 适当减小这两个阀的开度,降低排氧流量 |

表 14-4　稳压吸氧期间,舱压波动太大

| 现象 | 原因 | 对策 |
|---|---|---|
| 舱内压力波动超过 $\pm 0.004$ MPa | 排氧流量过大 | 适当关小排氧阀和排氧流量计的开度 |
| | 舱体贯穿件或舱体部件有气体泄漏 | 逐级检漏,并排除 |

表 14-5　舱减压时间过短或过长

| 现象 | 原因 | 对策 |
|---|---|---|
| 舱减压时间与治疗方案规定的减压时间相比,超过 $\pm 50\%$ | 电控或气控调节阀故障 | 按调节阀使用说明书,检修操作器、定位器、气动阀等工作情况或更新调节阀 |
| | 舱减压随动控制系统软件部分故障 | 检查和确认该软件 |

表 14-6　空调机运转，舱内不制冷或不制热

| 现象 | 原因 | 对策 |
|---|---|---|
| 夏季舱内温度高于 26 ℃ 或冬季低于 18 ℃ | 室外机进出风口堵塞 | 清除 |
| | 室内机空气滤网堵塞 | 每 2 周左右清洗 1 次 |
| | 温度设定不当 | 重新设定温度 |
| | 制冷管泄漏 | 由专业人员补充制冷剂 |
| | 制冷管路过滤器堵塞 | 由专业人员进行拆洗 |

表 14-7　舱内噪声过大

| 现象 | 原因 | 对策 |
|---|---|---|
| 仅供气时，舱内噪声超过 65 dB（A） | 舱内进气口消声器不起作用 | 检修消声器或换新 |
| 仅开空调时，舱内噪声超过 60 dB（A） | 安装板与舱壁处有松动 | 加固松动处 |
| | 室内机风扇转动部分摩擦 | 调整风扇转动部分间隙 |
| | 室内机开启面板振动 | 设法制止振动 |
| | 铜管变形，制冷剂流动湍急 | 纠正变形铜管 |
| | 风量过大发出尖锐的口哨声 | 调整风量 |

表 14-8　舱内照明太暗

| 现象 | 原因 | 对策 |
|---|---|---|
| 舱内平均照度小于 60 lx | 照明灯具供电电压不足 | 检查电源电压，排除原因 |
| | 照明灯具使用时间过久 | 换新 |

表 14-9　患者在舱内吸氧困难

| 现象 | 原因 | 对策 |
|---|---|---|
| 患者在舱内吸氧困难 | 供氧压力升高，氧气减压阀内部泄漏引起 | 检修减压阀或更新 |
| | 供氧压力降低，氧源压力下降引起 | 检查氧源压力，补充氧气 |
| | 供氧压力波动，冰塞现象引起 | 用热水或蒸气加热消除，切忌明火加热 |
| | 供氧调节器失灵 | 检修调节器，重新调整或更新 |
| | 氧气面罩组件泄漏 | 重新佩戴 |

表 14-10　患者在舱内吸氧时呼气不畅

| 现象 | 原因 | 对策 |
|---|---|---|
| 患者在舱内吸氧时，呼气很费力 | 氧气面罩单向阀启闭不灵 | 更换单向阀 |
| | 排氧流量调节过小 | 适当增大排氧阀开度 |
| | 排氧管中有积水 | 打开排氧管路中的放水阀 |

对于氧舱重要的配套件，它们的常见故障见表 14-11～表 14-18。

表 14-11　安全阀常见故障

| 现象 | 原因 | 对策 |
|---|---|---|
| 泄漏 | 阀瓣与阀座密封面之间有脏污 | 提升扳手阀开度,冲去脏污 |
| | 密封面损坏 | 研磨密封面 |
| | 阀瓣与阀座错位 | 重新装配或更换 |
| | 弹簧失效 | 更换弹簧 |
| 到规定压力不开启[起跳压力大于 (0.22+0.014)MPa] | 定压不准 | 重新调整 |
| | 阀瓣与阀座粘住 | 定期手动放气 |
| 不到规定压力开启[起跳压力小于 (0.22-0.014)MPa] | 定压不准 | 重新调整 |
| | 弹簧失效 | 更换弹簧 |
| 排气后压力继续上升 | 安全阀排量太小 | 重选安全阀 |
| | 弹簧失效 | 更换弹簧 |
| | 排气管通径太小 | 更换排气管 |
| 阀瓣频跳或振动 | 弹簧刚度太大 | 更换弹簧 |
| | 回座压力过高 | 重新调整 |
| | 排放背压过大 | 减小排放管道阻力 |
| 排放后阀瓣不回座(回座压力低于 0.22~0.033 MPa) | 阀瓣位置不正 | 重新装配 |

表 14-12　压力表常见故障

| 现象 | 原因 | 对策 |
|---|---|---|
| 指针不动 | 气体通道堵塞 | 检查气道 |
| | 指针松动 | 更换压力表 |
| | 指针卡住 | 更换压力表 |
| 指针抖动 | 气体局部堵塞 | 检查气道 |
| | 游丝失效 | 更换压力表 |
| 指针不回零 | 指针卡住 | 更换压力表 |
| | 弹簧管变形 | 更换压力表 |
| 指示不正确(超过允许误差) | 弹簧管变形 | 更换压力表 |
| | 游丝失效 | 更换压力表 |
| | 齿轮磨损 | 更换压力表 |

表 14-13　测氧仪常见故障

| 现象 | 原因 | 对策 |
| --- | --- | --- |
| 显示屏无显示 | 电源不通 | 检查电源 |
| | 屏损坏 | 更换屏 |
| | 主板损坏 | 更换主板 |
| 操作无效 | 按键损坏 | 更换按键 |
| 示值不变 | 采样管路堵塞或断开 | 检查采样管路 |
| 指示不正确(超过允许误差) | 传感器漂移 | 重新定标 |
| | 主板损坏 | 更换主板 |

表 14-14　活塞式压缩机常见故障

| 现象 | 原因 | 对策 |
| --- | --- | --- |
| 排气量显著降低 | 进气阀故障 | 更换进气阀 |
| | 排气阀故障 | 更换排气阀 |
| | 进气压力过低 | 检查空气过滤器 |
| | 排气压力过高 | 检查排气管道 |
| | 活塞环泄漏 | 更换活塞环 |
| | 压缩机转数降低 | 检查电源与传动装置 |
| 不正常声音 | 气缸内有水 | 检查冷却系统水密性 |
| | 气阀松动或损坏 | 检查或更换气阀 |
| | 气缸或气道中有异物 | 清除异物 |
| | 传动装置故障 | 检查修理 |
| 排气温度过高 | 冷却水不足 | 加大冷却水流量 |
| | 进气温度过高 | 降低进气温度 |
| | 排出气体泄漏入气缸 | 检查气阀 |
| | 活塞环磨损,进、排气串气 | 更换活塞环 |
| | 气缸水套或冷却管内水垢过厚 | 清理水垢 |

表 14-15　分体式空调器常见故障

| 现象 | 原因 | 对策 |
|---|---|---|
| 压缩机不能启动 | 电源故障 | 检查电源 |
| | 压缩机电机故障 | 检查压缩机电机 |
| 开机后无冷风(或热风) | 出风口有障碍物 | 清理出风口 |
| | 风机损坏 | 更换风机 |
| | 制冷剂泄漏 | 补充制冷剂 |
| | 制冷(或制热)系统堵塞 | 检查系统 |
| 有风,但不制冷(或不制热) | 控制系统故障 | 检查系统 |
| | 制冷剂泄漏 | 补充制冷剂 |
| | 毛细管或过滤器堵塞 | 清理污垢 |
| | 四通换向阀故障 | 更换换向阀 |
| 室内机噪声增大 | 安装支架松动 | 检查安装支架 |
| | 风扇动平衡不好 | 更换风扇 |
| | 铜管变形,制冷剂流动声大 | 更换铜管 |
| | 风量过大 | 降低风量 |
| | 制冷剂过多,制热时有声 | 调整制冷剂量 |
| | 风扇转动部位摩擦 | 调整风扇转动部位间隙 |

表 14-16　氧气减压阀常见故障

| 现象 | 原因 | 对策 |
|---|---|---|
| 出口压力逐渐上升 | 阀瓣与阀座密封面之间有脏污 | 加大阀门开度,冲去脏污 |
| | 密封面损坏 | 研磨密封面 |
| 出口压力压降过大(大于 0.1 MPa) | 减压阀流量特性不好 | 重新选用减压阀 |
| 出口压力上下抖动 | 冰塞现象 | 降低进口压力 |
| | | 提高环境温度 |
| | | 热敷减压阀 |
| 出口压力稳定不住 | 膜片变形 | 更换膜片 |
| 工作时发出啸叫声 | 进口压力和出口流量过大 | 降低进口压力 |

表 14-17　按需供氧调节器常见故障

| 现象 | 原因 | 对策 |
|---|---|---|
| 泄漏 | 阀瓣与阀座密封面之间有脏污 | 加大阀门开度,冲去脏污 |
|  | 密封面损坏 | 研磨密封面 |
|  | 弹簧失效 | 更换弹簧 |
|  | 阀瓣与阀座错位 | 重新装配或更换 |
| 吸氧阻力过大 | 膜片老化 | 更换膜片 |
|  | 摇杆变形 | 更换摇杆 |
|  | 供氧压力过高或过低 | 重新调整供氧压力 |

表 14-18　截止阀常见故障

| 现象 | 原因 | 对策 |
|---|---|---|
| 内泄漏 | 阀瓣与阀座密封面之间有脏污 | 取出阀杆,清理脏污 |
|  | 密封面损坏 | 研磨密封面 |
| 外泄漏 | 阀体有砂眼 | 更换阀门 |
|  | 密封填料松弛或不足 | 拧紧螺母或更换填料 |

# 第 15 章　氧舱的安装监检与验收

安装监督检验(简称监检)与验收工作在氧舱使用前进行;定期检验是氧舱正常使用期间的工作;改造、维修后的检验是氧舱不能正常使用,经改造、维修后的检查与验收。这些工作对于确保氧舱的安全运行有着非常重要的意义。本章将先后介绍它们的内容和要求。

## 15.1　氧舱的监检与验收

根据《氧舱安全技术监察规程》(TSG 24—2015)的要求,氧舱在制造和安装过程中,对涉及氧舱安全性能的项目,必须由国务院特种设备安全监督管理部门核准的检验检测机构对产品安全性能进行监督检验。氧舱的制造监检一般均在氧舱制造单位进行,监检工作由核准的检验检测机构的检验人员负责。而氧舱的安装监检,都是在氧舱使用单位的现场进行,虽然监检工作同样是由核准的检验检测机构的检验人员负责检验,但作为氧舱使用单位的氧舱维护管理人员,应主动参与到检验工作中,熟悉并了解氧舱的特性,掌握氧舱的基本结构和使用要点,为今后的维护管理工作打下基础。此外,为了保证安装后氧舱的正常使用,满足医疗、消防、安全等方面对氧舱的不同要求,同时也进一步使氧舱使用单位的相关人员熟悉了解氧舱的基本情况,根据《氧舱安全技术监察规程》(TSG 24—2015)的要求,氧舱安装监检需要对氧舱进行整体验收。

### 15.1.1　医用氧舱选址、场地设置上的要求

(1)在选址上,宜单独建造,医用空气加压氧舱建筑面积最少不小于 400 m²,并应设置有单独出入口。

(2)医用氧舱放置处须远离居民住宅、电力部门设置的小型配电区,相隔距离一般为 10 m 以上。如遇电力部门设置的大型配电区以及易燃易爆的物品区域,应符合《建筑设计防火规范》(GB 50016—2014)的规定。

(3)医用氧舱治疗区必须进行封闭管理,应设置候诊大厅、医生诊断办公室、护士办公室、医务人员值班室、病人更衣室、安检室、治疗等候室、治疗等待室、氧舱治疗室、卫生间等。候诊室应和氧舱治疗室隔离。

### 15.1.2　医用氧舱空间布局上的要求

(1)氧舱所在空间布局安全,符合消防安全要求。

(2)纯氧舱所在空间电器需防爆,氧气房及氧气排出口合乎规范。

(3)氧气加压舱配置有效的加湿系统和静电导出系统。

(4)多人氧舱舱内治疗时,氧浓度≤23%,人均舱容≥3 m²。

### 15.1.3　氧舱的监督检验和氧舱的验收

氧舱的监督检验和氧舱的验收是两种完全不同性质的检验、检查工作,两者是不能混淆的,一般情况下,也不能相互替代,其主要的不同点有以下几个方面:

(1)组织者不同——氧舱的安装监督检验,由核准的具有氧舱检验资格的检验检测机构负责组织实施;而氧舱的安装验收,则是由氧舱使用单位组织实施。

(2)参加者不同——氧舱的监检工作,是由取得国家质监总局特种设备安全监察局颁发的医用氧舱检验员或压力容器检验师资格证书的专业检验人员负责;而氧舱的安装验收工作,则是由氧舱使用单位所在地的市场监督行政部门负责。

(3)监检/验收的内容不同——氧舱监检的内容,是根据氧舱标准、安全技术规范及图样的技术要求,对氧舱产品的安全性能进行逐项的具体检验;而氧舱的验收则涉及面较宽,主要是针对氧舱的各种手续、制造、安装资料、管理制度、消防以及人员情况等诸多方面进行检查,氧舱的监检内容仅作为验收检查中的一部分。

(4)出具的报告不同——氧舱监检后,由监检单位按氧舱安全技术规范的要求,出具“医用氧舱产品安全性能监督检验证书”,并有检验员和审核员签字、监检单位的检验专用章,方可生效;而氧舱验收,则仅由验收组出具医用氧舱验收报告即可。

(5)监检/验收的时间不同——氧舱的安装监检,是在氧舱安装的过程中进行的,是对氧舱安装全过程的监检;而氧舱的验收,则是在氧舱安装结束后,正式使用前,组织进行的。

### 15.1.4　氧舱的安装监督检验

氧舱的安装监检,是氧舱产品监检的重要环节。由于氧舱的规格、型式不同,所以氧舱现场安装的监检项目及内容也有较大差异,因此在安装监检中,应针对具体的氧舱,来确定氧舱安装监检的项目。一般应从以下几方面考虑。

#### 15.1.4.1　氧舱的制造与安装资料的监检

氧舱的制造与安装资料,内容较多,既有氧舱的技术资料(如图样、合格证、质量证明书、各种记录等),又有氧舱的管理方面的资料。在安装监检中,重点检查的至少应包括以下内容:

(1)氧舱制造、安装单位的“A5级压力容器制造许可证”,且在有效期内。

(2)氧舱制造、安装单位的“特种设备安装、改造、维修告知书”。

(3)检查在安装过程中产生的各种安装记录、测试报告(如现场施焊记录,无损探伤记录,气密性试验报告,安全连锁装置的调试测试记录,通信、对讲、应急报警装置的测试记录以及对地漏电流的测试记录和现场管路的清洗、脱脂等)的内容,是否符合氧舱标准及安全技术规范的要求。

(4)对安装现场施工人员的资质(如焊工、无损检测人员、电工的资格证书)进行审查。

(5)对氧舱的原始技术资料(主要包括氧舱及配套压力容器的设计图纸、质量证明书、合格证、供排氧(气)系统流程图和电气系统原理图、电气接线图、配电网络图、“医用氧舱产品制造安全性能监督检验证书"等),进行审查确认。

### 15.1.4.2　氧舱总体安装监检

对氧舱总体的安装监检,既是对氧舱制造和安装全过程的一次综合性的监检,也是氧舱投用前,对氧舱舱体、各主要系统以及氧舱使用环境和氧源间等多项内容的一次全面性的技术检查和确认。氧舱总体安装监检涉及的监检项目和内容很多,有些项目和内容,虽然在制造和安装过程中已经进行过监检,但在总体安装监检时,还应对这些项目进行确认,以防止因运输或其他原因,造成不合格现象的发生(如氧舱观察窗及照明窗的有机玻璃,会因为安装不当或在运输中保护不妥,而出现银纹和机械划伤,造成不合格情况)。氧舱总体安装监检的重点,应放在氧舱舱体及配套压力容器的安装质量、氧舱系统的气密性试验、接地装置和接地电阻以及氧源间条件等项目上。

对于舱体及配套压力容器的安装质量,主要控制以下几方面:

(1)舱体及配套压力容器的主要安装技术指标(如舱体及配套压力容器的基础尺寸、水平度、铅垂度、标高的允许偏差等),是否符合标准或图样规定的技术要求。

(2)氧舱现场调试报告的内容,应正确齐全,各项性能指标,应能达到标准、安全技术规范的要求。

(3)氧舱及配套压力容器使用的安全阀、压力表的数量、量程、精度以及安全阀校验压力是否满足规定要求(特别要注意的是:医用氧舱必须配备一块精度为 0.4 级的监控舱内压力的压力表,且量程最好为 0.4 MPa,不宜太大),氧舱供氧系统压力表的选用,应注意与介质相适应。

(4)氧舱供、排氧系统管路的材质,应选用紫铜管或不锈钢管,如采用管件连接形式,其所选用的管件材质应与管路的材质相同;密封元件应采用紫铜或聚四氟乙烯材料制品,且所有管材均应进行清洗、脱脂处理。对于氧舱的供、排气系统的管路,应采用紫铜或不锈钢材质的无缝管,密封元件不得采用石棉制品。

(5)确认氧舱的照明形式,应急电源的配置以及通信、对讲、应急报警装置,空调电机的设置等,是否符合标准要求;同时确认氧舱的舱内装饰板以及舱内棉织物,是否符合标准要求。

(6)对采用快开式外开门结构的氧舱(含递物筒),应测试快开门上设置的安全连锁装置,是否能达到锁紧压力不大于 0.02 MPa,复位压力不大于 0.01 MPa 的要求。

(7)应注意检查舱内是否配备了低毒高效能灭火装置(指标准要求可以不配置水喷淋装置的氧舱)。

(8)氧舱系统的气密性试验,包括对舱体供气(氧)系统、配套压力容器及管路等几部分的气密性试验。虽然氧舱舱体在出厂前,一般要进行耐压或气密性试验,但在安装后,整个氧舱系统仍要进行气密性试验,且标准中对氧舱各部位的允许泄漏率的要求也不同,而这些正是在气密试验过程中,需要重点监检的主要内容。对于氧气加压舱来说,根据《氧舱》(GB/T 12130—2020)的规定,氧舱整体气密性试验,保压 1 h,压降应不大于最高工作压力的 5%。对于空气加压氧舱来说,根据 GB/T 12130 的规定,氧舱舱室及管路的气密性指标应符合表 15-1 的要求。

表 15-1　氧舱舱室及管路的气密性指标

| 试验部位 | 试验压力/MPa | 泄漏率/h |
|---|---|---|
| 与储气罐相连的供气系统管路 | 该管路系统最高工作压力 | ≤0.5 |
| 不与储气罐相连的供气系统管路 | 该管路系统最高工作压力 | ≤6.0 |
| 供氧系统的高压管路 | 该管路系统最高工作压力 | ≤1.0 |
| 供氧系统的低压管路 | 该管路系统最高工作压力 | ≤4.0 |
| 舱室气密性 | 0.03 | ≤15.0 |
| | 舱室最高工作压力 | ≤5.0 |

注:外开门的舱室气密性仅做舱室最高工作压力的试验。

　　根据《固定式压力容器安全技术监察规程》(TSG 21)的有关规定要求,只有当介质毒性程度为极度、高度危害或设计上不允许有微量泄漏的压力容器,才必须进行气密性试验。与氧舱配套的储气罐,其内部介质为压缩空气,本不需要进行气密性试验,而应对其做水压试验。考虑到储气罐等配套压力容器安装后,已与氧舱连接,做水压试验有诸多不便,同时,相连管路还需要做气密性试验,因此往往在氧舱安装现场对储气罐等配套压力容器和氧舱系统同时进行气密性试验。气密性试验的压力,与相连管路的压力相匹配,并在试验压力下,检查储气罐、气液分离器、空气过滤器的各接口、阀门处是否有泄漏现象,压力表、安全阀的连接处是否严密。气密试验应保压足够时间,经检查无泄漏为合格。

　　检查氧舱内外设置的应急排气装置是否符合标准的要求。应急排气阀应选用能快速开启的球阀,不能采用渐开式阀门;对于氧气加压舱的应急排气阀,必须选用铜制或不锈钢制球阀。舱外应急排气阀应设置在控制台附近,应急卸压时,氧舱各舱室从最高工作压力降至 0.01 MPa 的时间,应符合表 15-2 的要求。

表 15-2　氧舱卸压时间的指标

| 舱型 | 单人氧舱(含成人氧气加压舱) | 多人氧舱 |
|---|---|---|
| 卸压时间/min | ≤1.0 | ≤2.5 |

　　对没有配备馈电隔离变压器的氧舱,应测试氧舱的电源输入端与舱体之间是否能承受 50 Hz、1 500 V,历时 1 min 的交流试验电压,而不发生击穿或闪络现象。

　　检查接地装置的连接情况,用摇表实测接地装置电阻数值。这是氧舱总体安装监检中必不可少的一项检查内容,也是氧舱安装监检的一个关键项目。实测的接地电阻值应不大于 4 Ω。

　　氧源间是氧舱系统中唯一有高压容器的场所。虽说氧源间本身不属于氧舱的范畴,但氧源间条件的好坏、管理是否完善,都直接关系到医用氧舱能否安全正常使用的大问题。对氧源间的具体要求为:

　　(1)氧源间的照明,必须采用防爆灯具和防爆开关(如将开关放在氧源间外,可选用普通开关）。

（2）氧源间应开有天窗，屋顶应采用轻质耐火材料，门、窗应向外开，且保持良好的自然通风，必要时，也可加装防爆排风扇。

（3）氧源间不得堆放易燃物品或其他杂物，屋内应备有消防器材，屋外应有"严禁烟火"和"非操作人员不得入内"的明显标志。

（4）操作人员不得带火种和易燃物品入内，也不得穿带铁钉鞋进入氧源间。

（5）氧气瓶应加固定架妥善固定，防止碰撞和倾倒。

（6）氧源间使用应建立交接班制度，填写值班记录。

（7）使用的氧气瓶应在检验的有效期内，不得超期使用。

（8）若采用氧气汇流排形式供氧，应检查汇流排的接地情况。

### 15.1.4.3　氧舱安装监检证书

氧舱安装监检后，监检人员应及时将监检情况汇总，并按照"医用氧舱产品安全性能监督检验项目表"的要求，填写"医用氧舱产品安全性能监督检验项目表"。对监检合格的氧舱，还应逐台出具《医用氧舱产品安全性能监督检验证书》。

## 15.1.5　氧舱的验收

氧舱的验收工作，是在氧舱安装监检结束后，由氧舱的使用单位，根据氧舱相关标准、规定的要求，对氧舱组织验收。验收的内容虽包括安装监检的一些内容，而重点则是氧舱的合法性、人员和制度的管理及建立、消防工作的可靠性等。验收工作应由使用单位负责组织，邀请所在地的地（市）级以上质量技术监督行政部门和卫生行政部门的代表以及医疗、制造、检验等方面的专家参加。氧舱的验收工作应制定验收大纲，其内容至少包括以下几方面：

（1）氧舱设计、制造、安装单位资格确认。

（2）氧舱安装、改造、维修告知书。

（3）氧舱制造、安装资料审查，其中包括：①氧舱人均舱容计算报告的确认；②氧舱照明的设置是否符合要求；③空调电机是否设置在舱外；④接地装置及电阻检测报告的确认；⑤测氧仪的配置是否符合要求；⑥供氧、供气管路清洗确认；⑦氧气管路的脱脂处理报告等涉及氧舱安全使用项目的确认。

（4）氧舱制造、安装监检报告（证书）的确认。

（5）氧舱的医护人员和氧舱维护管理人员的配备是否合理。

（6）氧舱使用单位制定的氧舱安全管理制度、岗位操作和岗位责任制度是否齐全，规定的患者进舱须知、紧急情况处理措施等是否可行有效。

（7）对氧舱的维护管理人员的资格进行确认。

（8）氧舱舱房及氧源间内的防火措施及警示标志是否符合防火规范的要求。

氧舱验收后，由验收组成员签字确认。

# 15.2 氧舱的定期检验

## 15.2.1 氧舱定期检验工作程序

在用氧舱定期检验工作程序一般可分为以下几个步骤。

### 15.2.1.1 检验前的准备

在用氧舱定期检验工作正式开始前,核准的检验检测机构及受检单位均应做好检验前的准备工作,这是搞好检验工作的前提,只有双方密切配合,共同做好以下工作,才能使检验工作顺利开展。

1. 受检单位应做的准备工作

(1)停舱,对氧舱内、外进行清理,并且对舱内进行消毒处理,必要时,拆卸影响检验工作的舱内附件和装饰板等。

(2)将氧舱的有关资料进行整理,应提供的氧舱技术及管理资料主要包括:氧舱的制造/安装资料、运行及使用记录(如使用次数、有无异常情况及事故记录和处理情况等)、氧舱使用证、历次检验报告(特别是上次的检验报告)、安全附件校验(检定)报告、维护维修记录、更换元器件记录。

(3)应提供医用氧舱的维护管理人员资格证书。

(4)应提供氧舱的安全管理制度,医护、操作及维护管理等人员职责及安全操作规程。

(5)对需要进行检验的氧舱内外表面,特别是有可能产生腐蚀和锈蚀的部位以及需进行无损检测的部位,应彻底打磨清理干净。

(6)拆卸安全阀、压力表并送到有相应检验资格的单位进行校验及检定。

对首次进行年度检验的氧舱,使用单位应当填写"医用氧舱检验申请表"。现场检验时,氧舱使用单位的管理人员、操作及氧舱维护管理人员应当到场协助工作,并且及时提供检验人员需要的其他资料。

2. 核准的检验检测机构应做的工作

(1)检验人员应当首先查阅氧舱使用单位提供的资料,全面了解受检氧舱的使用、管理情况及现状,并做好记录。

(2)编制检验方案:根据检验类别(一年期定检或三年期定检),确定本次检验项目和重点检验内容。

(3)根据检验项目及检验工作的需要,准备检验所需的仪器仪表、工具、量具及检验记录。

(4)对受检单位提供的有关资料进行审查,重点是:运行记录、检修及事故记录、修理/改造竣工资料及检验报告、安全附件的校验(检定)报告、上一次检验报告中提出的问题(主要是指整改后免于现场复检的内容)是否已解决或已制定了防范措施。对于首次进行定期检验的氧舱,还应审查氧舱的制造及安装的有关资料。

(5)对氧舱使用单位的维护管理人员的资质和氧舱的管理制度等内容进行确认。

（6）在审查资料的同时,应向氧舱使用单位的有关人员了解氧舱在该检验周期内的使用及运行状况,为下一步检验的实施打下基础。

对于首次定期检验的医用氧舱,应当对上述资料进行全面核查;以后的检验,重点审核新增加和有变更的内容。

#### 15.2.1.2　检验工作的实施

经对氧舱有关资料审查及对氧舱使用情况的了解后,检验人员将进入氧舱使用现场进行检验,按照《氧舱安全技术监察规程》(TSG 24—2015)的要求,对氧舱及附属压力容器和氧舱环境等内容进行检验,填写检验的原始记录。

#### 15.2.1.3　检验情况的汇总及分析

现场检验工作结束后,检验人员应当根据检验的原始记录,对照国家有关标准、规范的要求对检验的情况尽快进行汇总,同时针对检验中发现的问题,认真查找原因,分析其性质,为检验结论的确定,提供必要的依据。检验人员应保证检验工作质量,检验记录应当详尽、真实、准确,检验记录记载的信息量不得少于检验报告的信息量。同时应将检验初步结论书面通知使用单位,检验人员对检验意见的正确性负责。

#### 15.2.1.4　检验报告及结论

核准的检验检测机构在汇总分析的基础上,及时出具《氧舱安全技术监察规程》(TSG 24—2015)要求格式的定期检验报告,并明确提出检验结论。检验结论一般可分为以下几种情况:

（1）"符合要求",未发现缺陷或者有轻度缺陷经消除后不影响安全使用,允许使用。

（2）"基本符合要求",发现存在与本规程不一致的情况和缺陷,对不一致的情况和缺陷进行整改和消除缺陷后,经检验人员对整改情况确认以及对缺陷重新检验符合规程要求,方能允许使用。

（3）"不符合要求",发现严重缺陷,不能保证安全使用,不允许使用。

### 15.2.2　对受检单位的要求

要保证氧舱定期检验工作顺利进行,除核准的检验检测机构、检验人员的充分准备和认真工作外,还必须有使用单位的积极配合。所以,在氧舱定期检验前和检验中,氧舱使用单位至少应做好以下工作:

（1）必须按《特种设备安全监察条例》的要求,安排氧舱定期检验计划,并应提前1个月向核准的检验检测机构提出检验申请。若超期未提出检验申请,则由特种设备安全监察机构按有关条款进行处罚。

（2）必须如实仔细地做好氧舱的运行记录、维修记录和事故记录,并提供给检验人员审查。

（3）检验工作开始前,应向核准的检验检测机构提供检验需要审查的各种技术资料。

（4）受检单位应按规定向核准的检验检测机构缴纳检验费用。

（5）受检单位还应在检验工作中配合检验人员做好如下工作:①停舱清洗,必要时,应在检验人员指导下拆卸检验中需拆卸的附件等;②负责检验中的各项辅助工作,如氧舱附属压力容器的清理、打磨,搭拆脚手架等;③为检验工作的顺利进行,提供必要的条件。

（6）检验时,氧舱使用单位的管理人员、氧舱操作人员及维护管理人员应到现场配合,协助检验工作,并提供检验人员所需的其他资料。检验后,氧舱使用单位的管理人员,应负责对需要整改的问题,进行督促落实。

### 15.2.3　定期检验内容

氧舱定期检验的内容,主要包括以下几个方面:氧舱资料审查、氧舱舱体检验、配套压力容器检验、供排氧系统检验、供排气系统检验、电气(空调)系统检验、消防系统检验、安全附件及自控仪表检验等。

检验的方法以宏观检验为主,并借助仪表及检测工具对氧舱的安全装置、设备的完好和可靠性进行确认。

#### 15.2.3.1　氧舱一年期检验的主要内容

检验人员应当首先对氧舱使用单位提供的资料进行查阅,全面了解受检氧舱的使用、管理情况及现状,做好记录,应提供的资料包括以下内容:

（1）有完整的医用氧舱建档登记资料。

（2）与氧舱及配套压力容器安全有关的制造、安装、改造、维修等技术资料应当齐全,并且与实物相符。

（3）氧舱的管理制度应当符合要求(管理制度至少应当包括医用氧舱操作规程,医护、操舱、维护管理人员的职责,患者进舱须知,应急情况处理措施,氧源间管理规定,安全防火规定等)。

（4）医用氧舱的运行(升、降压次数)记录、维护保养记录。

（5）安全附件校验记录。

（6）维护管理人员持证上岗情况。

（7）查阅历次检验资料,特别是上次检验报告中提出问题(主要是指整改后免于现场复检的)的整改记录。

舱体检验包括以下内容:

（1）观察窗、照明窗、摄像窗及有机玻璃舱体不得有明显划痕、机械损伤、银纹等缺陷。

（2）上次检验后,舱内装饰隔层板、地板、柜具及油漆发生改变的,其所变更的材料的难燃或者不燃性应当符合标准的要求。

（3）空气舱内的床、椅的包覆面料的耐燃性,或者氧气舱内的床罩、枕套的抗静电性应当符合标准的要求。

（4）舱内氧气采样口无堵塞,采样管路与测氧探头、流量计连接可靠。

（5）舱门及递物筒密封圈无老化、变形。

（6）氧气加压舱舱内应当安装导静电装置,并且连接可靠;氧气加压舱舱门液压传动装置中的润滑油应当采用抗氧化油脂。

（7）有机玻璃氧舱舱体端盖与筒体应当连接可靠。

电气和通信系统检验包括以下内容:

（1）氧舱照明系统应当可靠、完好。

（2）应急电源装置在正常供电网络中断时，能自动投入使用，并且能保持应急呼叫、应急照明和对讲通信的正常工作时间不少于 30 min。

（3）氧舱的通信对讲装置通话正常。

（4）按动舱内应急呼叫装置按钮时，控制台上应当有声光报警信号显示，并且该信号必须由舱外操作人员手动操作才能复位。

（5）舱内测温传感器防护良好，控制台上的测温仪表显示正确。

（6）舱内电气元件的使用电压不得大于 24 V。

（7）舱内空调系统的电机及控制装置应设置在舱外，电机应做接地处理。

供、排氧（气）管路系统检验包括以下内容：

（1）供、排氧（气）管路系统通畅；进、出氧（气）阀门动作灵敏、可靠。

（2）舱内、外的应急排气阀动作灵敏；应急排气阀处有明显的红色警示标记。

（3）排废氧口位置及排氧管路材质应符合相应技术标准的要求。

（4）对有机玻璃舱体的氧舱进行气密性试验，试验压力取舱体的许用压力。

测氧仪检验包括以下内容：

（1）空气加压氧舱控制台上应当配置测氧仪和测氧记录仪；氧气加压舱可仅配置测氧仪。

（2）测氧仪的精度（引用误差）与测量范围应当满足使用要求。

（3）测氧仪传感器寿命（氧电极）应当在有效期内。空气加压氧舱配置的测氧仪在设定的上下限报警点能同时以声光形式报警。

（4）外供电中断时，应急电源系统应能支持测氧仪正常工作。

安全附件和消防系统检验包括以下内容：

（1）压力表（控制台、递物筒、汇流排）、安全阀的铅封应当完好，并且在有效期内。

（2）选用的压力表应当与使用的介质相适应，其精度应当符合标准要求。

（3）医用氧舱的快开门式舱门、递物筒应当设置动作灵敏、可靠的安全连锁装置，必要时可以采用压力测试方法确认。

（4）舱体与接地装置的连接应当可靠，实测接地电阻值不得大于 4 Ω。

（5）空气加压氧舱舱内灭火器的种类应当符合要求，并且在有效期内，设有水灭火装置的氧舱，应当对其进行动作性试验。

（6）流量计是否完好，精度等级、刻度范围是否符合要求。

（7）自动操作系统是否可靠。

（8）空气加压氧舱的过滤器器材是否在有效期内。

（9）其他需维修的设备应按使用说明书的规定检查。

### 15.2.3.2　氧舱三年期检验的主要内容

（1）年度检验的全部内容。

（2）配套压力容器的全面检验。氧舱配套压力容器的定期检验项目、要求、结论及安全状况等级的评定按《固定式压力容器安全技术监察规程》（TSG 21）的有关规定执行。

（3）舱内导线的布置、连接及保护情况。

（4）对未配置馈电隔离变压器的医用氧舱，检查电源的输入端与舱体之间的绝缘。

（5）舱体气密性试验。对医用氧舱舱体进行气密性试验，并且分别在 0.03 MPa 使用压力与 0.2 MPa 较大值两个压力值下，检查舱体的密封性能。

（6）急救吸氧装具。

（7）氧气瓶及汇流排。汇流排应当可靠接地，与汇流排连接的氧气瓶应当在检验有效期内。

（8）氧源间的防爆、通风及防火等。氧源间应通风良好，舱房内外、氧源间内设有明显的禁火标志，舱房内应当配备灭火装置。

### 15.2.3.3　配套压力容器年度检查的主要内容

压力容器年度检查的主要内容包括：对氧舱使用单位压力容器安全管理情况的检查，压力容器本体及运行状况检查和压力容器安全附件的检查等。根据《特种设备使用管理规则》的规定，压力容器的年度检验工作，将由氧舱使用单位的专业人员（如氧舱的维护管理人员）进行检验。主要有以下内容：

（1）压力容器的安全管理规章制度、操作规程、运行记录等资料是否齐全。

（2）压力容器图样、使用登记证、产品质量证明书、历年检验报告以及维修、改造资料等建档资料是否齐全并符合要求。

（3）上次检验时提出的问题是否已解决。

（4）压力容器的铭牌、漆色等是否符合有关规定。

（5）压力容器与相邻管道有无异常振动、响声或相互摩擦。

（6）支承或者支座有无损坏，基础有无下沉、倾斜，紧固螺栓是否齐全、完好。

（7）排放装置是否完好。

（8）罐体有接地装置的，检查接地装置是否符合要求。

（9）检查压力表外观、精度等级、量程及有效期是否符合要求。

（10）检查安全阀的选型及有效期是否符合要求。

### 15.2.3.4　配套压力容器定期检验的主要内容

配套压力容器的定期检验主要是根据《固定式压力容器安全技术监察规程》（TSG 21）的要求，按压力容器安全状况等级确定的检验周期进行检验，其主要包括以下内容：

（1）检验前应审查的资料有压力容器设计/制造单位的资格、产品质量证明书、年度检验报告、开停车记录等。

（2）压力容器定期检验的项目以宏观检查、壁厚测定、表面缺陷检测、安全附件检查为主，必要时增加埋藏缺陷检测、材质检查、密封紧固件检查、强度校核、耐压试验、泄漏试验等项目。

具体的检验项目及内容，应针对受检压力容器的具体情况而定。对于已经达到设计使用年限的压力容器，或者虽未规定使用年限，但使用期已超过 20 年的压力容器，如果继续使用，使用单位应委托有资格的检验机构对其进行检验（必要时还可进行合乎使用标准的评价），经过使用单位主要负责人批准，按照使用登记管理办法的有关规定，办理变更等级手续后，方可继续使用。

### 15.2.3.5　氧舱的非正常期检验

顾名思义，氧舱的非正常期检验，就是不按固定的检验周期进行的检验。非正常期的检验主要包括以下几种情况:停用时间超过 6 个月的氧舱;经改造与维修后的氧舱;对氧舱的安全性能有怀疑的以及使用期限超过 20 年的氧舱。下面分别介绍对这几种氧舱的处理办法。

1. 停用时间超过 6 个月的氧舱的检验

停用时间超过 6 个月的氧舱,指由于各种原因造成氧舱连续停止使用时间超过 6 个月,不包括对氧舱进行修理、改造所延误的时间。对这类氧舱,若需恢复使用,就必须在使用前,由核准的检验检测机构按氧舱一年期定期检验的内容和要求,进行检验。经检验合格,符合要求的方可使用。

2. 改造与维修后的氧舱的检验

对需改造与维修的氧舱,存在着两种不同情况。第一种是对旧舱的改造,这主要是由于过去生产的氧舱,虽然舱体和主要系统基本上能满足使用及安全的要求,但还是或多或少地存在着一些不符合标准、规范的问题,特别是舱内的装饰材料以及通风等,都严重地影响着氧舱的安全使用。因此,必须对这类氧舱进行修理和改造。第二种是对发生事故后的氧舱进行修理、改造。这种改造与维修工作量的大小和难易程度,都将由发生事故的严重程度和性质所决定。对以上两种经改造与维修的氧舱,当重新投入使用前,应进行检验,合格后方可使用。

3. 对安全性能有怀疑的氧舱

在氧舱的运行过程中,如果氧舱的操作人员或氧舱维护管理人员发现氧舱舱体或其他系统出现异常情况,又不能查明其原因,怀疑不能继续安全运行时,氧舱的使用单位,应对该舱采取停用措施,并及时向核准的检验检测机构如实说明情况。核准的检验检测机构应尽快派出具有氧舱检验资格的人员到现场检查,其检查的范围、内容、方法及具体的测试内容,可由检验人员根据现场情况确定,而检查的重点及切入点则在有怀疑的部位和相关部位。

# 15.3　氧舱改造、维修后的检验

氧舱改造,是指对在用氧舱的舱体、压力调节系统、呼吸气系统、电气系统、舱内环境调节系统的参数、设置、配置等进行调整,改变原有设计。

氧舱修理,是指在用氧舱不需要改变原有设计,仅进行原有功能的恢复或者更换配件。

氧舱由多部件、多系统组成,特别是氧舱的供排气(氧)系统和电气元件以及控制装置等,由于使用年限或其他原因(如人均舱容的变化等),构成氧舱的原有一些部件或元器件不能满足最低的使用安全条件,此时如要继续使用,就必须对氧舱进行改造,使其满足安全技术规范的要求,方可使用。

## 15.3.1　氧舱改造、维修单位的资格基本要求

(1)根据《氧舱安全技术监察规程》(TSG 24—2015)的要求,氧舱的改造由氧舱的制造单位承担,改造过程实施监检,未经改造监检或者改造监检不合格的氧舱,不得重新投

入使用。

（2）施工单位应当针对氧舱的实际情况和产品技术特性,编制改造施工方案和改造设计文件,对改造的氧舱安全性能负责。

（3）施工单位应当向使用单位提交改造施工方案、改造设计资料等,使用单位应当对上述资料进行查阅,并且对改造施工方案进行确认。

（4）氧舱修理工作应当由使用单位根据安装、使用维护保养说明书进行,也可委托制造单位进行,氧舱修理过程不实施监检。

（5）氧舱改造后,使用单位在氧舱重新投入使用前,按照《氧舱安全技术监察规程》(TSG 24—2015)的要求,到市级特种设备安全监管部门逐台办理使用登记手续。

### 15.3.2　氧舱改造、维修的主要内容及程序

氧舱改造、维修的内容应依据氧舱使用过程中出现的实际情况而定,如氧舱电气元件的更换、内装饰的更新、管路阀门的更新等。

这里所说的氧舱改造、维修,主要是指因各种原因造成在用氧舱自身存在着安全隐患,不符合《医用氧舱安全管理规定》对在用氧舱应满足的最基本条件要求,而必须通过对其进行较大的改造、维修后,才能达到使用要求的氧舱。氧舱的改造、维修的程序步骤如下:

（1）氧舱的改造、维修单位应根据氧舱的实际情况,编制改造、维修方案,该方案应经维修单位的技术负责人批准,并填写"特种设备安装、改造、维修告知书"到氧舱使用单位所在地的质量技术监督行政部门告知。

（2）氧舱的改造、维修单位,应按编制的改造、维修方案,对氧舱进行改造、维修工作,并应将改造、维修过程中涉及的维修人员资质、维修内容、施工记录等相关资料整理成册。

（3）对经改造、维修的氧舱,必须经核准的检验检测机构进行现场的监督检验,合格后方可继续投入使用。

### 15.3.3　对氧舱改造、维修后的检验

按照《氧舱安全技术监察规程》(TSG 24—2015)的要求,根据氧舱改造、维修的情况,对氧舱进行两种不同性质的检验。

（1）涉及氧舱改造或者重大维修的项目或内容,应该以氧舱的产品标准为依据,按氧舱产品质量监督检验的要求进行,检验后应出具"氧舱产品安全性能监督检验证书"或监督检验报告。

（2）对在氧舱改造或者重大维修过程中,未涉及改造或者重大维修的检验项目,应按《氧舱安全技术监察规程》(TSG 24—2015)中检验内容进行,检验后应出具"氧舱定期检验报告"。

# 第 16 章　氧舱安全管理

氧舱的安全管理是以安全第一,预防为主为原则,把人员的安全放在首位,把氧舱的监管严格地贯彻到设计、制造、安装、使用、检验、修理、改造等各个环节。氧舱作为载人压力容器,与一般压力容器不同,在其结构、用途上都具有其自身的特殊性。因而,氧舱的安全监管除应遵循一般压力容器的规范、标准外,还应满足医用氧舱标准和安全管理的要求。本章将首先介绍氧舱的各项安全管理规定和规章制度,然后讲述氧舱的技术档案管理,最后根据国内氧舱发生的多起火灾事故,对事故原因进行综合分析。

## 16.1　氧舱安全管理规定

### 16.1.1　氧舱设计的管理规定

根据《特种设备安全监察条例》规定,医用氧舱的设计采取设计文件鉴定(审查)制度。医用氧舱的设计文件应当经国务院特种设备安全监督管理部门核准的检验检测机构进行鉴定,方可用于制造。国家质检总局于 2003 年公布了湖北省特种设备安全检验检测研究院(原湖北省锅炉压力容器检验研究所)为医用氧舱的设计文件鉴定审查机构,所有用于医用氧舱制造的设计文件必须经过该院鉴定审查,并在设计底图(样)上加盖鉴定审批专用章。

### 16.1.2　氧舱制造与安装的管理规定

根据国家质检总局公布的《锅炉压力容器制造监督管理办法》规定,制造医用氧舱的单位应当取得"A5 级压力容器制造许可证"。

根据原国家质量技术监督局和卫生部联合颁发的《医用氧舱安全管理规定》,医用氧舱的安装不单独办理安装资格,而是由医用氧舱的制造单位进行,不得由其他单位完成。

### 16.1.3　氧舱使用登记的管理规定

根据《特种设备安全监察条例》《特种设备使用管理规则》要求,在特种设备投入使用前或者投入使用后 30 日内,使用单位应当向特种设备所在地的直辖市或者设区的市的特种设备安全监管部门申请办理使用登记,办理使用登记的直辖市或者设区的市的特种设备安全监管部门,可以委托其下一级特种设备安全监管部门办理使用登记。提供下列文件,并办理下列使用登记手续:

(1)产品设计文件。

(2)产品质量合格证明。

(3)安装及使用维修说明。

（4）制造、安装过程监督检验证明。

### 16.1.4　氧舱定期检验和维修的管理规定

根据《医用氧舱安全管理规定》的要求，在用的医用氧舱应当进行年度检验和全面检验，国家质检总局公布的《压力容器定期检验规则》中的"医用氧舱定期检验专项要求"具体规定了医用氧舱年度检验和全面检验的项目和要求。医用氧舱的重大维修必须由具备氧舱制造资格的单位进行。

### 16.1.5　氧舱维护管理人员的管理规定

根据《医用氧舱安全管理规定》的要求，氧舱使用单位应当配备氧舱维护管理人员。氧舱维护管理人员应当取得国家质检总局颁发的"氧舱维护管理人员资格证书"，方可从事医用氧舱的维护工作。

## 16.2　氧舱管理制度

### 16.2.1　氧舱科室的管理

（1）非氧舱科室内工作人员不得擅自进入氧舱科室，必须进入者应经领导同意后方可入内。

（2）进舱患者应在规定的房间等候，不得到处走动，不得随意进入高压氧舱室。

（3）保持室内肃静，工作人员和患者进入高压氧舱内不得大声喧哗。

（4）经允许进入高压氧舱室的人员，不得乱动室内设备，更不得拧动操纵台上面的仪表旋钮和阀门。

（5）严禁烟火，任何人不得在氧舱厅内吸烟。

（6）室内不得乱放杂物，保持室内的清洁卫生，每日小扫除，定期大扫除，保持地面和舱体上无灰尘，窗户明亮，必需用品应放置整齐。

（7）氧舱科室内应设置消防器材，经常检查，处于备用状态。

### 16.2.2　氧舱维护管理人员的管理

做好氧舱的维护管理工作可以使氧舱随时保持良好状态、提高工作效率、减少故障发生率、延长设备使用寿命。氧舱维护管理人员是氧舱日常操作、维护、保养及其管理的人员。加强对氧舱维护管理人员的管理，是实现氧舱安全运行的保证。

（1）医用氧舱维护管理人员应符合下列条件：①身体健康，能够胜任工作。②具有中专或相当于中专以上学历。

（2）医用氧舱维护管理人员需按照《特种设备作业人员考核规则》（TSG Z6001—2005）和《医用氧舱维护管理人员考核大纲》（TSG R6002—2006）的要求，经国家质检总局特设局认可的机构进行考核，并取得资格证后，方可上岗。

（3）在科（室）主任领导下，负责高压氧舱的设备维护管理工作。

（4）掌握高压氧舱的结构组成、工作原理和基本性能。

（5）熟悉氧舱的操作规程和安全使用规则。

（6）具有分析氧舱故障的能力，能排除简单的故障。

（7）制订并实施氧舱的定期检验计划，配合定期检验工作的实施，对定期检验所发现的问题进行落实整改。

## 16.2.3　氧舱设备的管理

### 16.2.3.1　空气储气罐区

（1）储气罐区应保持整齐干净，不得存放杂物，更不得放易燃易爆物品。

（2）非设备管理人员不得擅自进入储气罐区，不得开关阀门，严禁敲击气瓶、减压器、管道。

（3）定期检查接头，应无漏气现象。经常注意储气罐和现场应无异常情况。

（4）储气罐内积存的油水需经常排放，不得将油水排放在储气罐区内。

（5）储气罐区不得明火作业，必要的明火作业应由领导同意，采取十分可靠的安全措施（解除储气罐压力）方可进行。火源距储气罐的距离不小于 3 m。

（6）储气罐区应通风良好，阳光不得直晒储气罐，夏季室内温度保持在 40 ℃ 以下，冬季应不低于 10 ℃。

（7）储气罐区应定期打扫，保持地面清洁、储气罐表面无灰。

（8）储气罐区应设专门消防器材，并存放在便于操作位置，不得随意挪动。

### 16.2.3.2　氧气间

（1）氧气间工作由氧舱设备技术人员负责，无关人员不得入内。

（2）氧气间应保持良好的通风，以防室内氧的体积分数的升高。

（3）供气人员必须了解供氧管路走向及减压器的工作原理。

（4）操作人员不得穿带钉的鞋进氧气间操作，不得将火种和易燃物品带入氧气间。绝对禁止在氧气瓶室内吸烟和明火作业。

（5）操作人员不得在工作服、手套、工具上沾有油脂、油污的情况下操作氧气瓶。

（6）在卸装氧气瓶时必须戴好瓶帽，动作要轻，防止剧烈的撞击或敲击氧气瓶，使用过程中应可靠固定和遮荫，避免互相碰撞和阳光曝晒。

（7）氧气瓶属于压力容器，应严格按有关规定进行定期的检验和维修；检验维修钢印必须清晰，应附有合格证。

（8）每次供氧气前应严格检查供氧系统，不应有任何油污，不应有任何泄漏，发现问题及时停用、排除。氧气管路应进行定期的检查。

（9）供氧过程发现异常，要迅速关闭气源。

（10）氧气间的照明必须采用防爆照明灯具及防爆开关，或将电源开关设于室外。

（11）氧气瓶禁止移作他用，瓶外涂以天蓝色油漆，用黑色漆标写"氧气"字样。

（12）使用氧气减压器时，应在打开氧气瓶阀前将减压器的调节手柄旋松；氧气瓶的瓶阀开启应缓慢，防止瓶内高压气流冲出伤人，阀门开足后应回转半圈；瓶阀在供氧过程中发生冻结时，不得用明火烘烤，可用温水解冻。

（13）氧气瓶内气源不得用空,必须保留一定余压的氧气,否则氧气厂不予充灌。

（14）氧气间必须严格交接班制,填好用氧值班记录。

（15）氧气间内应设置灭火器材和沙箱,不得堆放其他杂物。

### 16.2.3.3　液氧贮槽区

使用液氧贮槽给高压氧舱供氧具有安全、可靠、省力的优点。对同时备有氧气瓶供氧单位,在进行液氧供氧前必须关闭氧气瓶供氧的有关阀门。

（1）无关人员不得进入贮槽周围,贮槽周围严禁烟火。

（2）液氧贮槽是属低温压力容器,贮槽及附属设备必须专人负责操作。

（3）操作人员必须熟悉贮槽及附属设备的结构原理、技术性能和操作规则。

（4）操作人员每天须检查内筒压力的变化,给氧舱供氧压力一般调定在 $0.7 \sim 0.8$ MPa,发现超压时应及时打开放空阀降压。

（5）停止供氧操作,在关闭液氧出口阀、增压阀和气体通过阀后,必须打开放空阀。

（6）操作人员在操纵液氧槽时的工作服、手套、工具严禁粘污油脂（需经脱脂处理）,操纵阀门必须戴手套进行,防止皮肤被液滴冻伤。

（7）当贮槽容量指示器指针≤5%时应及时补液。

（8）贮槽周边必须设置灭火器材与沙箱。

### 16.2.3.4　空压机房

空压机是氧舱生产压缩空气的重要设备。空压机操作的好坏将直接关系到压缩空气的质量。

（1）空压机的使用管理应设专职人员,无关人员不得擅自进入机房。

（2）操作人员应具有一定的专业知识,熟悉所使用空压机的结构、性能等。

（3）操作人员在空压机运行过程中,可估算产气量,用多少时间充满储气罐,从估算产气量中,可掌握空压机的运行性能好坏,但不得擅自离开岗位;严禁吸烟或看书报。

（4）空压机的停机:打开各级气缸的排气阀、排污阀,空运行 $2 \sim 3$ min 后停机,停机后冷却水必须继续工作 $5 \sim 10$ min 后才能关水;并做好停机的工作记录。

（5）停机后作必要的机房整理与卫生（无关的杂物不可堆于机房）,这时机房应继续通风散热。

（6）空压机累计运行一定时间后,必须进行例行保养（各种型号的空压机根据说明书中规定严格执行）。

（7）空压机必须备足零配件,空压机房的工具不得借作他用。

（8）操作人员离开机房前,必须关好电、水、窗、门等。

### 16.2.3.5　配电间

（1）配电间应设专职人员。无关人员不得擅自进入配电间。

（2）操作人员应了解和掌握电气安全知识和维修保养技术。

（3）配电间附近应备有消防器材。

（4）配电屏周围地面应铺设绝缘胶板,配电屏应装栅门。

（5）电气设备检修时,应设有"正在检修,切勿合闸"的标牌。

# 16.3　氧舱技术档案的管理

建立和完善氧舱的技术档案,是氧舱的监督检验和使用管理等诸多工作中的一项十分重要的工作。所谓氧舱技术档案,就是指该台氧舱从最初的设计开始,经过制造、安装、使用、检验、修理和改造等各环节、全过程的所有文字、图片、载体等资料集合的统称。技术档案的主要作用是:通过这些资料,可以使有关的管理和操作人员、检验和维护维修人员准确地掌握设备的结构特点、介质参数及设备的技术现状,在保证设备安全、可靠的前提下,合理地使用该台设备。氧舱技术档案实行"一台一档"制,由管理部门统一保管。

## 16.3.1　技术档案的主要内容

建立技术档案,国家历来有明确规定,国务院在 2009 年 5 月 1 日颁发的《特种设备安全监察条例》中也强调了使用单位应建立特种设备安全技术档案,并规定了安全技术档案的主要内容:

(1)特种设备的设计文件、制造单位产品质量合格证、使用维护说明等文件以及安装技术文件和资料。

(2)特种设备的定期检验和定期自行检查的记录。

(3)特种设备的日常使用状况记录。

(4)特种设备及其安全附件、安全保护装置、测量调控装置及有关附属仪器仪表的日常维护保养记录。

(5)特种设备运行故障和事故记录。

## 16.3.2　技术档案的建立

氧舱技术档案不仅仅是氧舱舱体的技术档案,还应包括与氧舱配套的压力容器以及氧舱的各个分系统的技术档案。

### 16.3.2.1　氧舱的原始技术资料

(1)氧舱的设计实行设计文件审批制度,经审查批准的设计文件,由审批部门在医用氧舱设计总图和各系统设计图样上加盖审批标志。氧舱的设计资料应包括:①氧舱总体布置图;②舱体及配套压力容器结构总图;③电气系统原理图、电气接线图、配电网络图;④供排气系统流程图;⑤各系统制造安装的技术要求;⑥氧舱使用说明书。

(2)氧舱的制造、安装资料应包括:①氧舱的设计资料;②氧舱舱体的"医用氧舱产品合格证"和质量证明书;③配套压力容器的合格证和质量证明书;④医用氧舱各系统检验、调试的报告;⑤氧舱用电气元件及配件(流量计)等的产品合格证;⑥医用氧舱所用安全附件和仪器、仪表的产品合格证和使用说明书;⑦氧舱制造过程的"医用氧舱产品安全性能监督检验证书";⑧氧舱安装过程的"医用氧舱产品安全性能监督检验证书"和验收报告;⑨安装过程中施工人员(指从事氧舱舱体、配套压力容器及管道焊接人员、氧舱电器安装人员)的资质证书。

#### 16.3.2.2　压力容器的原始技术资料

压力容器的原始技术资料包括：压力容器的设计、制造、安装等方面的资料。

(1)压力容器的设计总图(蓝图)上，必须加盖压力容器设计资格印章，与氧舱配套的压力容器的设计资料应包括：①压力容器设计图样、技术条件；②压力容器强度计算书(必要时)；③压力容器的设计说明书；④压力容器的安装、使用说明书；⑤安全泄放量及安全阀排量计算书。

(2)压力容器的制造、安装资料应包括：①竣工图样，竣工图样上应有设计单位资格印章(复印章无效)和竣工图章；②压力容器产品质量证明书及合格证；③压力容器产品铭牌的拓印件；④监检单位出具的"压力容器产品安全性能监督检验证书"；⑤受压元件(封头、锻件)的制造单位提供的受压元件的质量证明书；⑥现场安装的有关技术文件和资料；⑦压力容器使用说明书。

#### 16.3.2.3　氧舱的使用管理资料

氧舱的使用管理资料，内容涉及较多，即从氧舱验收开始，直至氧舱报废的全过程的相关资料，主要包括：①多人空气加压氧舱的验收报告；②压力容器使用证(固定式压力容器使用证、医用氧舱使用证)；③压力容器档案卡；④氧舱及配套压力容器的运行及日常维护记录；⑤氧舱及配套压力容器的定期检验报告；⑥氧舱正常维修记录和零件更换记录；⑦过滤器滤芯的更换记录；⑧氧舱及配套压力容器技术改造方案/图样、材料质量证明书、施工质量检验技术文件和资料，实际修理情况的相关记录及修理、改造单位出具的"医用氧舱修理、改造报告"；⑨有关事故的记录资料和处理报告；⑩紧急情况时的预警方案和处理措施以及演练记录；⑪氧舱操作人员和维护、维修人员的资格证书；⑫氧舱安全管理、安全操作和岗位责任制。

#### 16.3.2.4　安全附件资料

安全附件是压力容器设备中不可缺少的重要组成部分，氧舱的安全附件包括：安全阀、压力表和测氧仪。

安全附件的资料应包括：①安全附件的合格证及安全阀、压力表使用前的校验报告和检定证书；②安全阀、压力表定期校验报告和计量检定证书；③测氧仪氧电极的合格证及定期更换记录；④安全阀、压力表等安全附件修理和更换记录。

### 16.3.3　技术档案的管理

现行的《特种设备使用管理规则》中明确，技术档案应由专人管理。技术档案的充实完善不仅为办理压力容器注册登记、领取"特种设备使用登记证"提供了可靠依据，同时也为压力容器的日常管理和日后的定期检验提供了诸多方便。检验人员可以根据档案的记载，有针对性地制定出适合于该台压力容器的检验方案，使定期检验工作真正做到有的放矢，更加完善。同时完善的技术档案，还可以帮助人们对压力容器的设计、制造、安装质量进行追踪，查找各种质量以及使用环节的问题，并将其解决在事故发生之前。

由于氧舱的技术档案有别于一般压力容器，因此氧舱使用单位应根据具体情况，明确指定由哪个部门负责统一管理氧舱技术档案，避免因人为或其他因素造成技术档案的流失，以保证档案的完整和齐全。

值得注意的是,氧舱技术档案的建档时间,应从使用单位收到制造厂提供的出厂及安装技术资料时算起,即此时起对氧舱及每台配套压力容器建立起技术档案,随后再将安装监检证书、验收报告、注册登记办理使用证等有关资料一并归档。这是氧舱投用前的技术档案的主要内容,也是使用单位基本上能够做到的。而氧舱投用后的技术资料归档,比如:日常操作记录、演练记录、氧舱的定期检验记录、安全阀/压力表等的校验记录以及事故记录等,则容易被人们所忽视。所以,氧舱投用后的技术资料归档工作应引起氧舱使用和管理人员的高度重视。

# 16.4　氧舱火灾事故综合分析

氧舱火灾事故原因主要有以下几方面。

(1)火灾后在舱内有残留的易燃物品。

舱内残留的易燃物品有:油脂棉纱、打火机(内含易燃液体)、火柴、爆竹、酒精等。这些易燃品在舱内点燃有两种可能:①附近有热源,使这些易燃物的温度达到了着火点,引燃了易燃物;②这些易燃物本身在舱内富氧、高压、较高温度和较低湿度的环境中自燃点降低引起了自燃。

一旦这些易燃物着火后就成了新的热源,继续点燃舱内的其他可燃物。

(2)火灾后舱内发现有热源存在。

①一些容易产生静电的物品摩擦生电引起火花。这些物品有:尼龙、毛绒、羊毛等衣服,尼龙乳罩、腈纶毛毯,发胶等化妆品。

②没有关闭电源的手机、儿童玩具等电子设备。

③舱内空调室内机的电气设备短路或接触不良引起发热。

(3)有舱内氧的体积分数过高的记录或事实。

舱内氧的体积分数过高发现有以下几种情况:

(1)空气加压氧舱减压时,关闭了控制台上的排氧阀,从而使排氧总管内的氧气在减压过程中不断地返回舱内。国内有多起氧舱火灾事故都是发生在减压快结束时刻。

(2)空气加压氧舱排氧支管的氧气流动阻力太大或冷凝水积聚阻塞,使呼出氧气排出困难,而返回舱内。

(3)空气加压氧舱内,患者的氧气面罩与面部贴合不严,引起氧气泄漏入舱内。

(4)空气加压氧舱内的供、排氧管接头焊接处或密封垫损坏,引起氧气泄漏入舱内。

(5)在高压氧治疗过程中,测氧仪读数渐渐上升,用户怀疑测氧仪故障,重新启动仪器的自动定标按钮,结果错误地把舱内的富氧气体作为新鲜空气。

氧气加压舱舱内氧的体积分数均在60%以上,所以氧气加压舱与空气加压氧舱相比,火灾事故的发生比例高达4倍以上。

# 第17章　氧舱配套压力容器的安全管理

氧舱舱体的设计、制造、安装、使用、检验、修理和改造7个环节和其他压力容器一样,均应严格执行《固定式压力容器安全技术监察规程》(TSG 21)的规定。但氧舱作为一种载人压力容器,无论从设计、制造还是从使用管理方面又都具有它自身的特殊性。所以,我国现行的《医用氧舱安全管理规定》对氧舱的设计、制造、安装、使用等7个环节又注入了新的内涵,并针对氧舱的特点,提出了一些特殊的要求。《特种设备安全监察条例》和《医用氧舱安全管理规定》用了大量的篇幅对"使用管理"这个环节进行了阐述,并做出了严格的规定。这也从一个侧面表明氧舱的"使用管理"环节控制的好坏,对保障氧舱的安全运行将起到重要作用。

## 17.1　总体要求

氧舱使用单位的管理包含着很多内容,如氧舱使用单位的安全管理责任、各类人员的资质、氧舱设备的管理以及相关管理制度等。《特种设备安全监察条例》详细地规定了企业的安全主体责任,共归纳为以下23条:

(1)使用单位安全、节能主体责任。

(2)接受特种设备安全监察的责任。

(3)法人(主要负责人)的责任。

(4)保证安全投入的责任。

(5)使用合格、合法特种设备的责任。

(6)合法委托的责任。

(7)注册登记使用责任。

(8)定期自行检查责任。

(9)建立安全技术档案责任。

(10)事故隐患、能耗超标消除责任。

(11)申请定检、支持定检责任。

(12)特种设备运营商的特殊责任。

(13)停用检测责任。

(14)合法转让,重新登记责任。

(15)租赁设备安全管理责任。

(16)设备报废注销责任。

(17)落实机构人员责任。

(18)操作人员相关责任。

(19)隐患排查治理责任。

（20）应急预案演练责任。

（21）事故救援、报告责任。

（22）建章立制责任。

（23）积极入保、科学管理、节能研发责任。

这些责任概括起来叫做"三落实、两有证、一检验、一预案"，即落实管理机构、落实责任人员、落实规章制度，设备有使用证、作业人员有上岗证，对设备依法按期检验，制定特种设备应急预案并适时演练。只要把上述要求落实了，企业主体责任就基本到位了。

## 17.1.1　基本要求

氧舱使用管理的基本要求，是对氧舱使用单位在使用管理上的最低要求，换句话说，氧舱的使用单位在使用氧舱时，均必须满足这些要求。氧舱使用单位应当对氧舱的安全管理工作负责，并且配备具有氧舱专业知识，熟悉国家相关法律、法规、安全技术规范和标准的工程技术人员作为安全管理人员负责氧舱的安全管理工作。

（1）氧舱的购置和使用。氧舱既是一种压力容器，也是一种医疗器械，由此也可以看出，氧舱的购置还是要受到一定限制的。只有取得国家卫生行政管理机关颁发的"医疗机构执业许可证"的单位才可以购置氧舱，开展氧舱的医疗业务。医疗机构在购置氧舱前，应向医疗机构所在地的地（市）级卫生行政部门提出设置申请，进行设置审核，由省级卫生行政部门批准。医疗机构必须购买由获得国务院特种设备安全监督管理部门颁发的"A5 级压力容器制造许可证"的单位制造并且经特种设备检验检测机构制造监检合格的氧舱。

（2）人员配备。氧舱使用单位应配备专职的氧舱医护人员、操作人员以及氧舱的维护管理人员，并针对购置的氧舱具体参数、技术特性以及使用安全管理的实际情况，配备 1~2 名具有中专或者以上学历的工程技术人员，负责氧舱的使用安全管理和维护检查工作。氧舱的维护管理人员应经特种设备作业人员考试机构考核，取得相应的特种设备作业人员证书后，方准从事氧舱的维护管理工作。氧舱使用单位应当对上述作业人员定期进行安全教育与专业培训，及时进行知识更新，保证作业人员具备必要的氧舱安全作业知识、作业技能，确保作业人员掌握操作规程及事故应急处置措施，按章作业。

（3）氧舱安装、调试完成后，使用单位应当对氧舱进行验收，验收工作应有氧舱使用单位所在地的地（市）级以上特种设备安全监督管理部门和卫生行政部门的代表和医疗、制造、检验等方面的专家参加，并且出具氧舱验收报告。氧舱的验收项目至少应包括氧舱制造、安装质量技术资料是否齐全，检验检测、试验的结果是否合格，氧舱的相关安全管理制度、操作规程、人员配备以及现场的安全条件等。

## 17.1.2　氧舱单位安全管理职责

### 17.1.2.1　使用单位在氧舱使用安全管理工作中应履行的义务

（1）按照要求配备安全管理负责人。

（2）建立和实施安全管理制度。

（3）定期召开氧舱安全管理会议，督促、检查氧舱使用安全管理工作。

#### 17.1.2.2　安全管理负责人在氧舱使用安全管理工作中应履行的义务

（1）贯彻执行国家有关法律、法规和安全技术规范,编制并且适时更新安全管理制度。

（2）组织制定氧舱操作规程,开展安全教育培训。

（3）组织氧舱验收,办理使用登记和变更手续。

（4）组织开展氧舱定期安全检查和日常巡查工作。

（5）编制氧舱年度、定期检验计划,督促安排落实定期检验和事故隐患的整治。

（6）组织制定氧舱应急预案并且进行演练,组织、参加氧舱事故救援。

（7）按照规定报告氧舱事故,协助进行事故调查和善后处理。

（8）发现氧舱事故隐患,立即进行处理,情况紧急时,可以决定停止使用氧舱,并且报告本单位有关负责人。

（9）建立氧舱安全管理技术档案。

（10）纠正和制止氧舱操作、维护人员的违章行为。

#### 17.1.2.3　操作、维护管理人员在氧舱使用安全管理工作中应履行的义务

（1）严格执行氧舱安全管理制度,按照操作规程进行操作。

（2）按照规定填写运行、交接班等记录。

（3）参加安全教育和技术培训。

（4）进行日常维护保养,对发现的异常情况及时处理并且记录。

（5）在操作过程中发现事故隐患或者其他不安全因素,应当立即采取紧急措施,按照规定的程序及时向单位有关部门报告。

（6）参加应急演练和氧舱事故救援,掌握基本救援技能。

# 17.2　安全管理工作及制度

## 17.2.1　安全管理工作

氧舱使用单位的安全管理工作主要包括以下内容:

（1）贯彻执行特种设备安全监察的法规、安全技术规范。

（2）建立健全氧舱使用安全管理制度。

（3）办理使用登记,逐台建立氧舱安全管理技术档案。

（4）购置、年度检查、维修、报废等安全管理工作。

（5）组织实施氧舱定期安全检查工作,并且记录安全检查的情况和问题以及采取的处理措施。

（6）制订氧舱年度检查计划(方案),组织实施年度检查,并且出具年度检查报告。

（7）申报氧舱定期检验,安排落实定期检验的配合工作,对发现的问题采取措施进行整改。

（8）及时向所在地市级质监部门报告氧舱的变更和年度检查中发现的问题以及处理措施等情况。

（9）依据《特种设备事故调查处理导则》（TSG Z0006）的规定,及时向有关部门报告事故情况。组织、参加事故的救援和协助事故调查以及善后处理工作。

（10）组织安全管理、作业、维修人员进行安全教育和业务培训、考核。

（11）建立应急救援组织,定期进行应急措施和处理预案的演练。

### 17.2.2　安全管理制度

使用单位应当结合氧舱的技术特性和安全管理的实际情况,建立氧舱使用安全管理制度,至少应当包括以下几方面:

（1）相关人员岗位职责。

（2）氧舱安全操作规程。

（3）氧舱安全管理技术档案管理规定。

（4）氧舱日常维护保养和运行记录规定。

（5）氧舱定期安全检查、年度检查和隐患整治规定。

（6）氧舱定期检验报检和实施规定。

（7）氧舱管理、作业人员管理和培训规定。

（8）氧舱购置、维修、维护、报废等管理规定。

（9）贯彻执行安全技术规范和特种设备安全监察规定。

### 17.2.3　安全操作规程

氧舱使用单位应当制订氧舱安全操作规程,明确操作程序和要求。安全操作规程包括以下几方面:

（1）操作程序及方法。

（2）操作参数和操作要求。

（3）操作记录。

## 17.3　安全管理技术档案

氧舱的安全管理技术档案是随着氧舱的设计、制造、安装、使用、检验等各个环节同步诞生的,所以氧舱档案不仅仅是舱体及配套压力容器的技术档案,还包括在投用后的使用管理、运行记录及检验检测等方面的资料。这些资料能够从不同方面反映出氧舱的真实情况,在氧舱的使用、检验、改造、维修等环节中起着非常关键的作用。氧舱的使用单位,必须建立氧舱技术档案,并由管理部门统一保管。

### 17.3.1　档案的组成

氧舱使用单位应当逐台建立氧舱的安全管理技术档案。氧舱安全管理技术档案应包含管理和技术两方面的档案。

#### 17.3.1.1　管理方面的档案

管理方面的档案主要是指氧舱在使用过程中,管理方面的相关资料,至少应包括以下内容：

（1）氧舱的安装告知书。

（2）"特种设备使用登记证""特种设备注册登记表"。

（3）计量器具检定证书、安全保护装置的校验证书等。

（4）氧舱验收报告、年度检查记录、报告，定期检验报告以及检查、检验中发现的问题和处理情况等资料。

（5）氧舱运行和操作记录、日常维护保养和检查记录以及修理和零件更换记录。

（6）事故或者异常情况所采取的应急措施和处理情况记录、报告等资料。

### 17.3.1.2　技术方面的档案

（1）氧舱设计、制造、安装、改造与维修质量技术资料，主要有以下方面：

①质量证明书、产品合格证。

②医用氧舱各系统检验、调试的报告及医用氧舱所用安全附件和仪器、仪表的产品合格证。

③医用氧舱使用说明。

④医用氧舱竣工图，包括氧舱总体平面布置图，供氧、供气系统流程图，电气系统原理图和接线图。

⑤监检单位出具的"氧舱产品安全性能制造/安装监督检验证书"。

（2）制造、安装过程中的检验、检测记录，以及有关检验的技术文件和资料。

（3）修理方案、实际修理情况记录、图样、材料质量证明书、施工质量检验记录以及有关技术文件和资料。

（4）氧舱一年期和三年期的定检报告。

（5）使用单位认为需要存档的其他资料。

## 17.3.2　档案的管理

氧舱使用单位，必须建立氧舱的安全管理技术档案，并由使用单位的管理部门统一进行管理。档案的管理，首先是必须建立，且要不断地补充、完善。之所以如此要求，主要是因为压力容器本身就是一种特殊的设备，氧舱又是载人的压力容器，所以对它的要求是非常严格的，这包括从设计、制造到修理、改造直至报废的每一个环节。

### 17.3.2.1　档案的重要性

对于内容充实的氧舱安全管理技术档案，不仅在办理注册登记，领取"医用氧舱使用证"时需要提交给有关部门审查，而且也为在其后的定期检验提供了必要的技术支撑，检验人员可以依据氧舱档案制定出针对性更强的检验方案，使定检工作更完善。如果氧舱在运行中发生事故，那么档案就显得尤其重要，根据原始档案，可以对氧舱的设计、制造、安装质量进行追踪，查找各种质量原因，根据运行记录档案，可以查找使用环节的原因。总之，氧舱的安全管理技术档案是我们查找和分析事故原因，确定责任方和责任人必不可少的依据。

### 17.3.2.2　管理

《固定式压力容器安全技术监察规程》（TSG 21）明确提出：压力容器的安全管理技术

档案,应由使用单位的管理部门统一进行管理。这种要求是对多年来压力容器定期检验中所发现问题的总结。氧舱的档案问题,在 1997 年的医用氧舱安全大检查中更为突出,由于氧舱使用单位不了解压力容器的使用、管理的要求,大部分氧舱使用单位没有单独建立氧舱的安全管理技术档案,技术资料寥寥无几,有的甚至连一张氧舱的登记证也找不到。再加上无人管、无专门机构管,有些氧舱购买时制造厂所提供的技术资料也是七零八落,残缺不全。所以,现在明确要求使用单位对压力容器档案由管理部门统一保管。对于医用氧舱的技术档案,可根据每个使用单位的具体情况,由档案部门或技术管理部门统一保管,以保证档案的完整和完好。

### 17.3.2.3　档案的延续性

建档和资料归档的时间应按照各个时间段产生资料的时间进行收集和归档。购买氧舱后,当使用单位收到制造厂提供的出厂技术资料时,即应对每台氧舱建立起技术档案,随后再将安装监检、验收、注册登记、办理使用证等有关资料一一归档。这是氧舱投用前的技术档案的主要内容,这也是使用单位比较重视、基本上能够做到的一步。而氧舱投用后的技术资料归档,就容易被人们所忽视,比如:日常的使用记录、维护保养记录、应急救援预案以及事故记录等就很容易被忽略,或者不做记录,或者做了记录不予归档。所以,氧舱投用后的技术资料归档工作,应引起使用单位的高度重视。除上述两项资料外,还有氧舱的定期检验记录,安全阀、压力表等安全保护装置每次的计量或校验记录等,均应及时予以归档,以保证氧舱技术档案的完整性。

# 17.4　使用登记

氧舱在投入使用前或者投入使用后 30 日内,应当按要求到直辖市或者设区的市特种设备安全监督管理部门,或者其授权的部门,逐台办理使用登记手续。登记标志的放置应处于明显位置。

## 17.4.1　登记程序

使用登记程序包括申请、受理、审核和颁发"特种设备使用登记证"。

### 17.4.1.1　申请

氧舱安装完工后,氧舱使用单位应及时向市级质量技术监督管理部门办理氧舱的使用登记申请,同时应向办证机构提交以下资料:

（1）"特种设备注册登记表"（一式两份）。

（2）使用单位组织机构代码证、医疗机构执业许可证（复印件）。

（3）氧舱产品合格证（含"氧舱产品数据表""氧舱安装数据表"）。

（4）氧舱制造监督检验证、氧舱安装监督检验证书（有机玻璃材料医用氧舱、婴幼儿医用氧气加压舱除外）。

（5）氧舱安装验收报告。

（6）改造、移装的监督检验报告或者定期检验报告。

（7）医用氧舱设置批准书（复印件）。

（8）氧舱配套的压力容器相关资料。

### 17.4.1.2　受理、审核和颁发"特种设备使用登记证"

市级质量技术监督管理部门收到氧舱使用单位提交的申请资料后，应当按照规定及时审核、办理使用登记手续。

## 17.4.2　改造、停用、移装、更名的使用登记

### 17.4.2.1　改造

氧舱改造完成后，使用单位应当在氧舱重新投入使用前或者投入使用30日后向市级市场监督管理部门负责特种设备安全管理机构提交原"特种设备使用登记证"，重新填写"特种设备注册登记表"（一式两份），提交氧舱改造质量证明资料以及监督检验证书，申请变更登记，领取新的"特种设备使用登记证"。

### 17.4.2.2　停用

氧舱拟停用1年以上的，使用单位应当在封存氧舱时或在封存后30个工作日内，向市级市场监督管理部门办理停用手续，并且将"特种设备使用登记证"交回。重新启用时，应当参照定期检验的有关要求进行检验。经检验合格，使用单位到市级市场监督管理部门办理启用手续，领取新的"特种设备使用登记证"。

### 17.4.2.3　移装

（1）移装定义。氧舱移装是指由原安装、使用场地迁移到另外的安装、使用场地（包括氧舱在使用单位内部场地进行的移装）。

（2）移装检验。氧舱移装的安装过程，应当按氧舱安装的规定进行氧舱安装监督检验（有机玻璃材料医用氧舱、婴幼儿医用氧气加压舱除外）。

### 17.4.2.4　更名

氧舱使用单位更名时，使用单位应当持原"特种设备使用登记证"和变更的证明材料，重新填写"特种设备注册登记表"（一式两份），到市级市场监督管理部门申请重新换领新的"特种设备使用登记证"。

### 17.4.2.5　注销

氧舱报废时，使用单位应当将"特种设备使用登记证"交回市级市场监督管理部门予以注销。

### 17.4.2.6　使用登记证使用

使用单位应当将"特种设备使用登记证"悬挂或者固定在氧舱的显著位置，无法悬挂或者固定时，也可以存放在使用单位使用安全管理技术档案中，但是应当将使用登记证编号标注在氧舱的显著可见部位。

### 17.4.2.7　不予以申请变更使用登记的规定

氧舱有下列情况之一的，不予以申请变更使用登记：

（1）在原使用地未办理使用登记的。

（2）在原使用地未按照规定进行定期检验的。

（3）在原使用地已经报废的。

（4）无氧舱制造监督检验证书、氧舱安装监督检验证书、氧舱安装验收报告的。

(5)擅自变更使用条件进行过非法改造的。

# 17.5　应急措施、异常情况、隐患和事故处理

## 17.5.1　应急措施和处理预案

使用单位应当根据安全管理的实际情况,制订应急措施和处理预案,建立应急救援组织,配置救援装备,并且每年至少组织一次应急措施和处理预案的演练,记录演练情况。

应急措施和处理预案包括以下方面:

(1)应急救援处理人员的责任与分工。

(2)发生事故或者异常情况时,采取的应急措施和处理程序。

(3)事故或者异常情况的应急措施和处理情况报告程序。

## 17.5.2　异常情况和隐患处理的要求

使用单位在发生以下异常情况和隐患时,操作人员和维护人员应当及时采取应急措施进行处理和消除隐患:

(1)舱体以及压力容器和管道等承压零部件出现泄漏、裂纹、变形、异响等缺陷的。

(2)有机玻璃材料承压零部件出现银纹、鼓包、老化等缺陷的。

(3)压力调节系统的压力超过规定值,采取适当措施仍不能达到有效控制。压力测定、显示、记录装置不能正常工作的。

(4)呼吸气体浓度超过规定值,采取适当措施仍不能达到有效控制的;呼吸气供应源以及排气口工作环境存在油脂污染或者消防隐患的;呼吸气供应源的低温绝热储罐外壁局部存在严重结冰、压力和温度明显上升等情况的。

(5)电气系统的装置、仪器、电气元器件、配电柜(板)出现温度超过规定值和有烟雾或者异味产生的;保险装置断开(熔断)的;电器、仪器、运行数据测定、显示、记录等装置不能正常工作的。

## 17.5.3　事故处理

(1)当发生氧舱事故时,使用单位应当立即采取应急措施,防止事故扩大。

(2)在发生氧舱事故后,使用单位应当按照《特种设备事故调查处理导则》的规定,及时向有关部门报告,并且协助事故调查和做好善后处理工作。

# 17.6　特殊规定和禁止性要求

## 17.6.1　特殊规定

(1)有机玻璃材料医用氧气加压氧舱不允许进行改造。有机玻璃材料舱体在达到设计使用年限时,由制造单位及时进行更换,更换后的氧舱需要进行整体气密性试验。

(2)氧舱改造过程中,涉及改变舱体结构的,或者改变压力调节系统、呼吸气系统、电气系统、舱内环境调节系统、水喷淋消防系统的,应当重新进行设计文件鉴定。

### 17.6.2　禁止性要求

(1)使用单位以及个人不得进行氧舱改造的施工。

(2)氧舱改造时,不得改变压力介质、运行参数、额定进舱人数和减少人均舱容以及改变氧舱的用途。

(3)氧舱改造与修理时,不得添加和设置不符合《氧舱安全技术监察规程》(TSG 24—2015)及相关标准、设计文件要求的装置、设备、仪器、仪表和舱内物料等。

# 17.7　常用设备及配件的安全管理与使用

### 17.7.1　氧气瓶

氧气瓶属于一种重复使用的移动式压力容器,它的充装、运输、储存和使用都应严格执行《气瓶安全监察规程》的有关规定和要求,在使用中应做到以下方面:

(1)气瓶在运输和装卸过程中,必须配带好瓶帽(有防护罩的除外),要轻装轻卸,严禁抛、滑、滚、碰。

(2)气瓶的存放应做到空瓶与实瓶分开放置,并有明显标志。

(3)气瓶的放置不得靠近热源和可燃性气体,且距明火的距离必须大于 10 m。

(4)气瓶立放时,应有气瓶固定架,防止倾倒损伤。

(5)在使用过程中,严禁敲击、碰撞气瓶;瓶内气体不得用尽,必须留有不小于 0.05 MPa 的剩余压力。

(6)氧气瓶不得与氧舱放置在同一房间内。

(7)当温度较低、瓶阀冻结时,不得直接用明火烘烤解冻;严禁使用温度超过 40 ℃的热源对气瓶进行加热。

(8)每次使用新充装的气瓶时,应注意检查气瓶表面漆色及肩部检验日期,防止错用和使用超期未检气瓶。

(9)开关氧气瓶阀的扳手应为专用工具(最好为铜扳手),并应防止沾染油污。

(10)使用的氧气瓶应按规定的检验周期进行检验,且均应在检验的有效期内。

(11)保持氧气瓶内外清洁,瓶体不得沾染油脂和其他污物。

### 17.7.2　液氧贮槽

液氧贮槽是一台低温压力容器,它的性能好坏,在很大程度上,取决于贮槽的绝热结构。液氧贮槽内筒的工作压力一般在低压范围,贮槽内的液态氧,经汽化后生成气态氧,气态氧的纯度高于医用氧气的纯度,氧含量可高达 99.8%[按《医用及航空呼吸用氧》(GB 8982)规定:医用氧气的氧含量为 99.5%]。

#### 17.7.2.1　液态氧的气液体积比

液态氧的气液体积比值非常大,在常温、常压下,气液氧的体积比可达到 1:800,也就是说,将 1 L 液态氧汽化后,就可生成 800 L 气态氧。由于液态氧的储运和使用均在贮槽的密闭状态下完成,工作压力又低,因此损耗也很小,氧气的利用率可达 95% 以上,远远超过瓶装气态氧 80% 的利用率(瓶装氧的损耗,主要是指每次使用后,必须留有一定的余压,而不能将瓶内气体用尽)。

#### 17.7.2.2　液态氧特有的优势

液态氧与医用气态氧相比,具有以下特有的优势:

(1)液态氧的卫生质量能够达到 GB 8982 的标准要求。

(2)液态氧重量轻,氧气重量与储运设备重量之比值为:液态氧比值为 1:1 左右,气态氧比值约为 1:5,故液态氧的可利用率高达 95% 以上。

(3)减轻操作强度,液态氧使用操作轻便,使用时打开氧气阀门即可。而瓶装气态氧,由于储量小、搬运、装卸、更换流转操作频繁,劳动强度大,且易造成氧气附件的损坏。

(4)流量、压力稳定,使用液态氧不会出现压力时高时低的现象,也不会有冰塞现象。

(5)液态氧的使用费用要比气态医用氧的使用费用低。

(6)液态氧设备技术较复杂,投资费用较大,液氧贮槽及系统配备均属深冷设备,体积庞大,需要有一个固定的安全场所。

#### 17.7.2.3　使用注意事项

(1)液氧贮槽的安装位置应具有良好的通风条件,周围不得存放易燃物品,杜绝任何火种。

(2)贮槽的充装量应不大于 95%,严禁过量充装。

(3)操作时应缓慢启闭阀门,停用时增压阀要关严。

(4)当需触摸低温液体时,应戴好防护手套,防止人体皮肤与低温液体直接接触。

(5)为避免湿空气通过管道进入到贮槽内部,造成结冰堵塞管道,当贮槽已经排空液体,必须立即关闭全部阀门。

(6)贮槽内有液体时,严禁动火、修理。

(7)贮槽配备的压力表应选用禁油压力表或氧气专用表,并应定期进行检定;配备的安全阀必须选用不锈钢或铜制阀,且应定期进行校验。

(8)贮槽必须有导静电的接地装置和防雷击装置。防静电接地电阻不大于 10 Ω;防雷击装置最大冲击电阻为 30 Ω,并至少每年检测一次。

### 17.7.3　氧气减压器

在使用氧气减压器时应注意做到以下几点:

(1)安装氧气减压器以前,应检查连接螺纹是否相符,有无损坏,清除接口内的尘粒。

(2)应先打开氧源开关,然后再旋紧减压器调压螺杆,以调节出口压力。减压器前的开关阀应缓慢打开,避免突然开大。

(3)打开氧气瓶阀或减压器开关时应站在侧面,不应对着瓶口或减压器。

(4)氧气减压器只能供氧气减压使用,严禁与其他气体混用。

（5）氧气瓶阀及减压阀严禁沾染油污。氧气减压器也应尽量靠近氧气瓶,以缩短高压管路的长度。

（6）出现冰塞现象时不得用明火加温解冻。

（7）减压器不得带故障工作。

（8）氧气减压器应妥善保管,避免撞击振动,使用完毕后,必须调松手柄。

（9）氧气减压器上的压力表必须定期进行校验。

### 17.7.4　空调器

在使用氧舱的空调器时,应注意做到以下几点:

（1）由于氧舱使用空调的最大特点是热负荷变化大,当舱内升压时,舱内温度会快速升高,相反舱内减压时,舱内温度又会快速降低,所以氧舱的空调一般都提前开启。

（2）空调设备的维护保养。

①每个季节开机前,应由电工全面检查电气线路,检查接线是否松动、绝缘性能是否良好、机壳接地是否松脱。

②检查舱室内、外机的进、出风口是否被堵塞,以保证气流通畅。

③检查舱室内、外机安装是否稳固、牢靠。

④空调日常使用时,每 20 d 应清洗一次舱室内机的空气过滤网,用 50 ℃的水冲洗干净,晾干后再装上。

⑤空调使用几个季节后,应对热交换器进行一次大清理,除去交换器上的积尘。

⑥空调使用几年后,制冷管路上的隔热保温材料要进行更新,保证隔热保温性能良好。

### 17.7.5　舱内应急排气装置

由于条件限制,单人氧舱舱内不设置应急排气装置。空气加压氧舱应设置应急排气装置,舱内应急排气阀的手柄应安放在舱内易操作的位置,由舱内人员控制操作。

（1）使用与管理。氧舱上的应急排气装置是氧舱的一种安全装置,如果对其使用管理不善,出现误操作,可能会因舱内压力迅速降低导致舱内患者得减压病。因此,必须加强对氧舱应急排气装置的管理,规范使用。

（2）应急排气阀门的排放能力应符合氧舱标准规定快速卸压的时间要求。氧气加压舱所配置的应急排气阀,应选用铜制球阀或不锈钢制球阀。

（3）为保证应急排气装置的使用安全,应做到以下几点:

①无论是舱内还是舱外设置的应急排气装置,都必须将应急排气阀的手柄放置在易于操作的位置,并配以红色醒目标记。

②应急排气装置应有必要的保护措施,避免误操作的可能情况发生。

③在舱内应急排气装置的排气口处,必须加以妥善保护,排气口不能直接裸露在舱内。

④为了保证应急排气的畅通,多数氧气加压舱的应急排气阀后面不再接排气管路,而是将舱内的气体直接排放在室内。对于这种情况应注意排放后舱室氧浓度的变化,特别

应注意舱室的通风换气。

## 17.7.6　空气压缩机的操作规程

空气压缩机的操作一般应包括以下几个方面。

### 17.7.6.1　开启前准备

（1）检查各连接件、紧固件是否牢固可靠。

（2）空气压缩机和电机的外观检查，清理杂物和工具，安全防护装置是否完好。

（3）润滑系统检查，包括油压、油位以及润滑油的选用是否正确，注油器是否正常供油。

（4）冷却系统检查，启动冷却水泵，观察冷却管路是否畅通。

（5）打开放空阀，关闭负荷调节器，使空气压缩机处于空负荷启动状态。

（6）人工盘车数转应运行灵活，运动机构应无卡阻、撞击现象。

### 17.7.6.2　启动

（1）启动空气压缩机进行无负荷试车 5 min，检查各部位运转情况。

①润滑系统是否正常，油压应小于 0.3 MPa，曲轴箱油温是否正常。

②各运动部件的声音是否正常，各连接部分紧固件有无松动。

③冷却水流量是否均匀，不得有间歇性排气和冒气泡现象，冷却水温是否正常。

（2）各部件有不正常情况应停机检查处理。

（3）打开进气管阀门，关闭放空阀，并打开负荷调节器，使空气压缩机带负荷运行。

### 17.7.6.3　运行

（1）空气压缩机的运转状况必须符合技术参数中所列的参数范围。它包括以下几方面：

①电机的温度、电流。

②油面高度、油温、油压。

③冷却水进出口水温、水压。

④压缩气体管路及设备上的压力表、温度计的读数。

一般要求润滑油的压力为 0.1~0.2 MPa；各级排气温度不超过 160 ℃；机身内油温不超过 60 ℃；冷却水进水温度不大于 30 ℃，排水温度不大于 40 ℃；电机温度不得超过 70 ℃。

（2）仔细倾听机器的运转声音，不得有不正常的声音。

（3）分离器和冷却器的污水应定时排放。

（4）经常检查各级吸气阀是否有过热现象，用手触摸感觉轴承及泵外壳是否有过热现象。

（5）经常检查压缩机的皮带轮罩或防护设备是否牢固，压缩机房应备有消防器材。

（6）当储气罐压力达到规定值时，应检查安全阀及压力调整器动作是否灵敏可靠。

（7）做好运转记录。

### 17.7.6.4　停车

（1）空气压缩机必须在无负荷状态下停车，停车前应将冷却器、储气罐放空阀打开，待压缩机降压后停车。

（2）停机 5~10 min,使空气压缩机各部位温度降下来,再关闭冷却水泵,冷却水停止供给。

（3）在冬季低温的情况下环境温度低于 5 ℃,应将各级水路、中间冷却器、油冷却器、气缸水套内的存水放尽,以免发生冻裂现象。

（4）长期停用时做好防锈、油封维护工作。

### 17.7.6.5　紧急停车

（1）空气压缩机、电机突然有不正常的响声。

（2）各部气温、水温及油温异常升高。

（3）电流、电压表读数突然增大。

（4）冷却水突然中断供应。

（5）润滑油压力下降或突然中断。

（6）压缩机发生严重漏气或漏水。

（7）安全阀连续起跳。

（8）某级排气压力突然变动很大,采取措施不能复原时。

（9）电动机过热或滑环冒火,以及空气压缩机有损坏时。

## 17.7.7　氧气间安全管理

对氧气间的安全管理,主要包括以下内容。

按《建筑设计防火规范》(GB 50016)的规定,氧气间属储存乙类物品(助燃气体)的建筑,其耐火等级应符合二级耐火等级的要求。对氧气间的基本要求如下:

（1）氧气间不应设在地下室或半地下室,并应远离锅炉房、厨房、动力机房和配电室等有明火的区域。

（2）氧气间应开有天窗,屋顶最好采用轻质耐火材料,门向外开,且保持良好的自然通风,必要时,也可加装防爆排风扇。

（3）氧气间的照明,应采用防爆开关。电源开关设置在氧气间外,可用普通开关。照明所用的电气元件及线路应符合本质安全电路的要求。

（4）为防止气体流动时产生静电积聚,氧气间的汇流排必须保持良好的接地。

（5）氧气间的出入通道应畅通。氧气间内不应设置办公室和休息室,也不得堆放易燃物品或其他杂物,屋内应备有消防器材,屋外应有"严禁烟火"和"非操作人员不得入内"的明显标志。

（6）操作人员不得带火种和易燃物品入内,也不得穿带铁钉鞋进入氧气间。

# 第 18 章　氧舱的定期检验

氧舱的定期检验是氧舱安全监察 7 个环节中的一个重要环节,是根据国务院颁布的《特种设备安全监察条例》的规定而实施的一项强制性的检验。

## 18.1　氧舱定期检验概述

依据《氧舱安全技术监察规程》(TSG 24—2015),定期检验是指经国家质检总局核准的检验机构按照一定时间周期,在氧舱停机时,由取得相应检验资格的检验人员根据本规程的规定对在用氧舱安全状况所进行的符合性验证活动。

### 18.1.1　定期检验的性质与依据

氧舱的定期检验是一项强制性的检验工作,氧舱的使用单位必须按照国家对特种设备检验的有关规定,按期提出检验申请。

氧舱定期检验的主要依据有:①《中华人民共和国特种设备安全法》;②《特种设备安全监察条例》;③《氧舱安全技术监察规程》(TSG 24—2015)。

### 18.1.2　氧舱定期检验检测机构及人员的资质

按照《特种设备安全监察条例》的规定:从事特种设备的监督检验、定期检验、型式试验以及专门为特种设备生产、使用、检验检测提供无损检测服务的特种设备检验检测机构,应当经国务院特种设备监督管理部门核准。从事上述工作的特种设备检验检测人员,应当经国务院特种设备安全监督管理部门组织考核合格,取得检验检测人员证书,方可从事检验检测工作。检验检测人员从事检验检测工作,必须在特种设备检验检测机构执业。

#### 18.1.2.1　检验检测机构的条件

经核准的从事氧舱定期检验的检验检测机构,应具备以下几方面条件。

(1)检验检测机构的基本条件:①有与所从事的氧舱定期检验检测工作相适应的检验检测人员。②有与所从事的氧舱定期检验检测工作相适应的检验检测仪器和设备。③有健全的氧舱定期检验检测管理制度、检验检测责任制度等。

(2)从事氧舱定期检验的专项条件。从事氧舱定期检验的检验检测机构至少应具备以下专项条件:

①应建立健全完善的氧舱检验检测质量保证体系,并能正常运转;编制的氧舱定期检验作业指导书等作业文件,能够指导氧舱的定期检验工作。

②具有一定数量经国务院特种设备安全监督管理部门组织考核合格,取得氧舱定期检验检测资格的检验员或压力容器检验师。

③应配备齐全的氧舱相关法规、安全技术规范和标准等专业技术资料[《氧舱》(GB/T

12130)、《固定式压力容器安全技术监察规程》(TSG 21—2016)、《氧舱安全技术监察规程》(TSG 24—2015)以及与其相配套的规章、技术标准等],以满足定期检验工作的实际需要。

④应配备必要的检验检测工具、仪器仪表以及专门用于氧舱定期检验检测的专用工具等。

⑤应结合受检氧舱的特点,依据氧舱的安全技术规范及标准的要求,编制切实可行的氧舱定期检验方案或检验工作程序以及适合于各种类型的氧舱定期检验报告等,以确保氧舱定期检验检测工作的规范性、准确性和完整性。

### 18.1.2.2　氧舱使用单位的检验程序及检验前准备

1. 检验程序

氧舱定期检验到期提前一个月提出报检申请→提供氧舱和配套压力容器需进行安装检验、年度(一年期)或全面检验(三年期)证明资料(首次定期检验需提供安装监检证书,非首次定期检验需提供上一周期的定期检验证书)→缴纳检验费用→到账后(省财政账户),指派检验人员现场检验→出具检验意见书或检验报告。

2. 检验时使用单位需到场人员

按照《医用氧舱安全管理规定》第四十一条的规定:医用氧舱使用单位应执行医护人员三级负责制。

主管副院长,主管部门负责人,使用部门负责人;氧舱操舱人员,氧舱维保人员。

特种设备安全管理人员,压力容器操作人员。

3. 检验时使用单位应提供的资料(绿色标注)

按照《特种设备使用管理规则》《氧舱安全技术监察规程》《医用氧舱安全管理规定》《氧舱》及其他规定、标准的相关要求进行准备,主要有以下内容:

按照《特种设备使用管理规则》的要求进行管理机构设置和人员组成(安全管理人员、操舱人员、维护保养人员),并取得有效资格证件。

氧舱使用记录,准确统计每天的使用次数,月次数,年次数,以及到检验时间止总的开、闭舱次数。

氧舱维护修理记录,元件更换记录及材料合格证明等。

氧舱及配套压力容器的制造资料、安装资料、改造资料、修理资料、特种设备使用登记证、注册登记表、历年年度检查报告和定期检验报告等。

安全阀、压力表及时校验和检定,并提供有效期内的安全阀校验报告和压力表检定报告。

氧舱事故应急预案和应急演练记录。

氧舱操作规程、管理制度、进舱须知等应上墙。

按照操作规程进行停机操作,对氧舱内外部进行清理和舱内消毒处理。

检验舱体,测试舱内压力调节系统与呼吸系统、电气系统、舱内环境调节系统、消防系统、安全保护装置等项目。

氧舱气密试验测试,保证氧舱附属压力容器储气罐有足够的空气压力气源。

舱内喷淋测试,准备舱内设施及座椅防水用具。

上述问题会直接影响检验结论,需切记!

新安装氧舱除上述的相关要求的资料还需要提供如下资料:安装告知书(原件);安装单位资质,施工人员资质;单位任命文件(该氧舱安装项目负责人、技术负责人、调试人员、检验验收人员等);制造、安装过程中的各项有效记录,调试记录,验收合格记录;各项相关人员的签字证明(施工人员、检验人员、使用方的责任代表签字和日期要正确无误,安装单位盖章);各相关部件、附件、管道等按规定、标准所需的有效证明文件;氧舱和配套压力容器的安装质量证明书(每台三份按统一格式出具);氧舱总布置图,舱体及配套压力容器结构总图,电气系统原理图,电气接线图,配电网路图,供、排氧系统和供、排气系统流程图,各系统的制造、安装技术要求,使用说明书等(医用氧舱的舱体、各系统总图和配套压力容器图样上均应有设计审批标志);检验人员认为应提供的其他资料。

4. 现场检验、检测

注意:在检验时应提前停舱并进行消毒处理。

特别提醒:每进行一次检验都是要收费的,使用单位应按照相关规定和标准进行资料和实体(氧舱和配套压力容器)的认真检查和准备,以避免在时间和经济上的不必要损失。

### 18.1.2.3　氧舱检验、维护人员的资质

除要求检验检测人员在氧舱的检验检测工作中,严格执行国家氧舱安全技术规范和标准,做到不漏项、不误检外,氧舱定期检验工作质量在一定程度上还取决于氧舱定期检验检测人员自身的业务素质和专业技术水平。为了把好检验检测人员技术水平这一关,氧舱检验检测人员必须参加国家组织的统一考核。为此国家质检总局组织制定了《医用氧舱检验检测人员考核大纲》,该考核大纲从理论基础知识、法规、安全技术规范和标准、实际检验技能以及检验技巧等多方面,对氧舱检验检测人员提出了相应的要求。作为氧舱定期检验的检验检测人员,必须在自己的职责范围内,按照国家有关标准规范及氧舱定期检验程序的要求,严格履行检验职责,完成现场的检验检测工作,根据检验检测结果,及时出具氧舱定期检验报告,并做出能否安全使用到下一个检验周期的正确判断。

(1)检验检测机构的检验人员。国家市场监督管理局[原国家质检总局特种设备安全监察局(简称特设局)]规定:氧舱检验检测人员的培训和考核,统一由国家特设局授权的相应考试机构组织进行,只有取得特设局签发的氧舱检验员资格或压力容器检验师资格的人员才可从事氧舱相应项目的检验检测工作。

(2)使用单位检验人员。对于氧舱使用单位的检验人员,也应按照考核大纲的要求进行培训考核,领取在用氧舱检验检测资格证书后,方可承担本单位在用氧舱的一年期检验任务。

(3)维护管理人员。为使氧舱在使用过程中,能够得到及时有效的维护与管理,维护管理人员也应按规定,由授权的相应考试机构组织考核,领取氧舱维护管理人员证书后,方可承担本单位在用氧舱的维护管理工作。

## 18.1.3　定期检验周期

氧舱虽属于压力容器的范畴,但氧舱的定期检验周期却与压力容器的检验周期不尽

相同。氧舱定期检验后,不像压力容器那样,进行安全状况等级的评定,因此氧舱的定期检验周期,不是依据安全状况等级来确定的。究其原因,主要是氧舱是一种载人压力容器,在正常工作中有患者在舱内治疗,所以氧舱是绝对不允许带"病"监控运行的。

### 18.1.3.1　氧舱定期检验周期

按照《氧舱安全技术监察规程》(TSG 24—2015)的要求,氧舱的定期检验周期为每 3 年至少进行 1 次,并且符合以下要求:

(1)新建氧舱(含氧舱改造、移装)在投入使用后 1 年内进行首次定期检验。

(2)在经过第 3 个检验周期后(第 1 年首次定期检验后,又进行了 2 次定期检验),电气系统未进行过改造的,定期检验周期改为 1 年一次;电气系统进行过改造的,仍按照投入使用后 1 年内进行首次定期检验,然后每 3 年至少进行 1 次定期检验,经过第 3 个检验周期后,定期检验周期改为 1 年一次。

(3)氧舱停用后重新启用,按照定期检验项目进行检验,定期检验周期自本次检验开始计算。

(4)在定期检验中对影响安全的重大因素有怀疑以及使用单位未按照本规程的规定进行年度检查的,应当缩短定期检验周期。

### 18.1.3.2　氧舱配套压力容器定期检验周期

按《固定式压力容器安全技术监察规程》(TSG 21—2016)和《特种设备使用管理规则》(TSG 08—2017)的规定,与氧舱配套的压力容器应实行年度检查和定期检验。

压力容器的年度检查是指:压力容器运行过程中的在线检查,每年至少 1 次。需要说明的是,按照《特种设备使用管理规则》(TSG 08—2017)的规定,压力容器的年度检查工作,应由氧舱使用单位自己进行。

压力容器定期检验周期,是根据压力容器的安全状况等级来确定的:①当安全状况等级为 1 级或 2 级时,其检验周期一般可为 6 年 1 次;②当安全状况等级为 3 级时,其检验周期一般为 3~6 年 1 次;③当安全状况等级为 4 级时,应监控使用,其检验周期由检验机构根据压力容器的实际情况具体确定,但累计监控使用时间不得超过 3 年,在监控使用期间,使用单位应当采取有效的监控措施;④安全状况等级为 5 级的,应当对缺陷进行处理,否则不得继续使用。

### 18.1.3.3　检验周期缩短或者延长

压力容器的安全状况等级的评定按照《固定式压力容器安全技术监察规程》(TSG 21—2016)进行,符合其规定条件的,可以适当缩短或者延长检验周期。

应用基于风险检验(RBD)技术的压力容器,应按照《固定式压力容器安全技术监察规程》(TSG 21—2016)的有关规定确定检验周期。

## 18.1.4　氧舱定期检验的报检

氧舱使用单位的负责人是氧舱安全管理的第一责任人,承担着对氧舱安全质量全面负责的主体责任。氧舱使用单位应当按照《特种设备安全监察条例》的规定,在有效期届满前 1 个月向检验检测机构提出定期检验申请。检验检测机构接到使用单位定期检验申请后,应当按照安全技术规范的要求,及时安排定期检验。

## 18.1.5　定期检验基本程序

氧舱定期检验的基本程序主要包括以下几个步骤。

### 18.1.5.1　申请

氧舱使用单位应当按照氧舱设备的定期检验周期,做好检验计划安排,并填写申请表,向检验检测机构提出申请。申请表的内容至少应包括以下几方面:

(1)使用单位情况。单位名称、单位负责人、组织机构代码、单位地址、邮政编码、联系人、联系电话等可供联络的信息。

(2)设备信息。设备名称、类别型号、设计参数(压力、温度、介质)、舱容或治疗人数、产品编号、制造单位、制造日期等。

(3)提交资料。对于第一次进行定期检验的氧舱,还应提供"使用登记证";其后的检验可提供上次定期检验报告。

①使用单位申明及检验申请。主要应表明:对提供资料的真实性负责,并已做好检验前的准备工作,申请对氧舱进行检验。

②使用单位提交的申请表应加盖使用单位印章。

### 18.1.5.2　受理

检验检测机构对氧舱使用单位提交的申请材料进行审查,经审查符合规定条件的予以受理,并通知申请单位,安排检验时间;对申请材料不符合规定条件的,不予受理并向使用单位一次性说明需补正的资料。

### 18.1.5.3　定期检验的实施

实施检验检测工作包括:检验方案制订、检验前的准备、现场检验检测的实施、缺陷及问题的处理、检验结果汇总、出具检验报告等。

### 18.1.5.4　报告的发送归档

经过检验检测,对在用氧舱的安全性能做出评价,出具检验报告或者检验证书。报告或证书应一式两份,一份送交使用单位,一份存档备查。经检验,若发现存在重大隐患需要整改或判废的,还应当报告当地质量技术监督管理部门。

# 18.2　氧舱定期检验工作程序

氧舱定期检验工作程序一般包括:检验方案制订、检验前的准备、检验工作的实施、缺陷及问题的处理、检验结果汇总、出具检验报告等。

## 18.2.1　检验方案制订

制订行之有效的检验方案,是保证氧舱检验检测工作质量的重要组成部分。制订检验方案,就是充分发挥一个集体的能力,检验方案由检验检测机构负责,至于制订检验方案的人员,应当是对所检设备有丰富经验的检验人员,但不一定是亲临现场的检验人员,一般情况下,现场的检验人员应当参与检验方案的制订。

### 18.2.1.1　制订检验方案时应考虑的因素

制订氧舱定期检验方案时,除应针对受检氧舱的种类、规格、特点、检验类别以及氧舱的失效模式,确定检验检测的项目和重点检验内容外,还应包括对配套压力容器的检验内容。在制订检验方案时,应考虑以下因素:

(1)结构形状。受检设备的结构形状不同,其检验的方法、检验检测的手段也不尽相同。例如:容器的结构是立式还是卧式,有无人孔或其他检验通道,能否进入到容器内部进行宏观检验等。

(2)容器的安装位置。安装在室内和室外的容器,因日常的工作环境不同,对容器本身所产生的影响也不同。室外容器长期处在日晒雨淋的环境中,容易对容器表面造成腐蚀、锈蚀等缺陷。另外,容器安装地点所处的空间位置,若离墙太近或两台设备之间距离太近,仪器的放置就有困难。

(3)容器制造、安装及使用状况。应尽量了解容器在制造、安装过程中遗留的缺陷和隐患。一般情况下,包括容器出厂时已有的记载,如焊缝返修情况的记载;材料使用情况;设计机构有变更的记载资料以及安装过程中产生的缺陷记载,如施工过程中的部件变更记载;安装位置及固定方法等情况;上次检验发现问题的处理情况以及遗留的待解决问题等。

(4)检验安全方面。要特别提出的是,对受检容器的介质性质要充分了解。例如:对提供氧源的设备及管道,检验时一定要注意避免在检验过程中因碰击而产生火花,避免将沾染油脂的物品带到检验现场。检验现场采用的照明要符合安全用电要求,使用的仪器、工具要符合安全要求。

(5)方案的修改。随着检验检测人员对受检设备的了解,尤其是通过现场调查和宏观检查后,会发现先期制订的检验方案中某些检验项目与实际情况不符,此时检验检测人员应对检验方案做进一步修改,使之更加完善,更符合实际情况。

### 18.2.1.2　检验方案的内容

检验方案编制的目的,就是在满足安全技术规范的前提下,根据受检容器的实际情况,合理设置检验项目,并指导检验检测人员有效地开展检验检测工作。检验方案至少应包括以下内容:

(1)容器概况。容器的名称、编号、规格尺寸、结构类别、工作参数、设计/制造/安装单位、制造日期、投入使用时间等。

(2)检验性质。本次检验的属性为年度检验、全面检验、投用后首次检验、改造维修后检验、事故后检验等。

(3)检验依据。应根据氧舱及压力容器的行政规章、安全技术规范、标准、设计制造安装文件等。

(4)资料审查情况。本次检验应审查(设计、制造、安装、使用管理等环节,技术及管理方面)的资料和以往检验发现问题的整改资料等。

(5)现场检验内容。这部分内容较多,应将所需检验的项目逐一列出,规定检验的方法、部位、工艺要点(仪器、器材、重要参数条件);对需要进行无损检测的,应详细提出无损检测的方法、检测的比例、合格标准等。

（6）安全注意事项和防护要求。

（7）检验次序、进度计划、交叉作业安排。

### 18.2.1.3　制订检验方案时应注意的问题

（1）必做项目。是检验检测的基本项目，定期检验的方法主要以内外部表面宏观检验、壁厚测定、表面缺陷检测、安全阀附件检验为主，加之对资料审查等。必做项目虽然简单，但很多对安全有影响的重大隐患均是在上述项目检验中发现的，因此不能轻视。

（2）选做项目。当进行上述检验后，认为有必要增加检验项目时，可以选做的项目包括：埋藏缺陷检测（射线检测、超声检测）、材料分析（硬度测定、金相检验）、密封紧固件检验、强度校核、耐压试验、泄漏试验等。

（3）氧舱的项目。氧舱的专项检验主要包括：舱体、压力调节系统、呼吸气系统、电气系统、舱内环境调节系统、消防系统以及安全保护装置等。

（4）项目的选择时机。一般在资料审查后，制订方案时，做第一次选择，在内外部宏观检查后，做第二次选择，在对某一检测方法或结果有疑问或发现重大问题需要进一步验证时，还可以增加新的项目。

（5）检验方案的内容针对性问题。应针对被检对象的特性，制订具有可操作性的检验方案。可在通用方案的基础上进行补充、完善。

### 18.2.1.4　检验方案的审批

（1）检验检测机构根据安全技术规范以及氧舱技术特性，制订的检验方案应当由检验检测机构授权的技术负责人批准。

（2）氧舱有特殊性能要求的，在检验方案制订时，检验检测机构应当征询使用单位以及生产单位的意见，以便完善检验方案，使其更具有可操作性。

## 18.2.2　检验前的准备

在用氧舱定期检验工作正式开始前，检验检测机构及氧舱使用单位均应做好检验前的准备工作，这是搞好定期检验工作的前提。

### 18.2.2.1　检验检测机构应做的准备工作

（1）资料审查。检验检测机构的检验人员应当在定期检验前，全面了解受检氧舱现有的安全状况以及使用、管理情况，对氧舱使用单位提供的资料进行查阅，重点是：制造单位的资质证明，设计、安装、使用说明书，设计图样、强度计算书，产品质量证明书，合格证，运行记录，检修及事故记录，修理、改造竣工资料及检验报告，安全附件的校验（检定）报告，上一次检验报告中提出的问题（主要是指整改后免于现场复检的内容）是否已解决或已制定了防范措施，并做好资料的审查记录。

（2）按编制的氧舱定期检验方案，确认本次检验的项目和重点检验内容。

（3）根据检验项目及检验检测工作的需要，准备检验所需的仪器仪表、工具、量具及检验记录用表。

（4）对氧舱使用单位的维护管理人员的资质和氧舱的管理制度等内容进行确认。

（5）在审查资料的同时，应向氧舱使用单位的有关人员了解氧舱在该检验周期内的使用及运行状况，为下一步检验的实施打下基础。

对于首次定期检验的氧舱,应当对上述资料进行全面核查;以后的检验重点审核新增加和有变更的内容。

#### 18.2.2.2　氧舱使用单位应做的准备工作

(1)应提交的资料。

氧舱使用单位应提供氧舱及配套压力容器的技术及管理资料,主要包括:氧舱的制造、安装资料,运行及使用记录,氧舱使用证、历次检验报告。

①氧舱设计、制造、安装资料:设计图样(总图、各系统图、主要承压元件图),氧舱安装、使用说明书,强度计算书等;氧舱制造、安装单位资格证书,产品合格证,质量证明书,竣工图等。

②管理资料:氧舱及配套压力容器的制造(安装)监督检验证书及使用登记证。

③人员资质及职责:氧舱维护管理人员资格证书,氧舱安全管理制度和操作规程以及医护、操作及维护管理等人员职责,氧舱的应急预案。

④检验资料:检验周期内的年度检查报告,历次定期检验报告;压力表的检定证书、安全附件的校验报告。

⑤运行记录:氧舱日常的运行使用记录(如使用次数、有无异常情况及事故记录和处理情况等),维护保养记录、更换元器件记录以及运行中出现异常情况的记录。

⑥有关改造与维修的文件,改造、维修方案,告知文件,竣工资料,改造、维修的监督检验证书等。

(2)停舱,对舱内进行清理、消毒处理,拆卸对检验检测工作有影响的舱内设施和装饰面板等。对需要进行检验检测的氧舱内外表面,特别是有可能产生腐蚀和锈蚀的部位以及需要进行无损检测的部位,应彻底打磨清理干净。

(3)拆卸安全阀、压力表并送到有相应检验资质的单位进行校验及检定。

(4)检验时,使用单位压力容器管理人员和相关人员应到场配合,协助检验工作,负责安全监护,并且有可靠的联络措施。

(5)使用单位若采用有保温层的压力容器时,应按规定拆除低温压力容器的外保温层(必要时)。

对首次进行年度检验的氧舱,使用单位应填写“医用氧舱基本状况表”。现场检验时,氧舱使用单位的操作及维护管理人员应到现场协助工作,并应及时提供检验检测人员需要的其他资料。

#### 18.2.2.3　现场检验安全方面的准备工作

压力容器全面检验时,为了保证检验检测人员的安全及检验检测工作质量,检验前必须做好有关的安全工作,任何疏忽都可能造成事故。在检验现场,无论是检验检测单位,还是使用单位,都应充分重视检验中的安全问题,精心组织制定周密的安全措施,防患于未然。尤其是进入容器内部时,一定要保证安全。

(1)对受检容器的处理。

停止设备的正常运行。氧舱配套的压力容器一般为单独使用,压力来源于空压机。

①停止空压机运行,切断电源,并在电源开关处挂上“禁止合闸”的警告标牌标志,防止误操作。

②放空罐内介质,打开人孔通风、排污。对氧气储罐通风后,还应进行取样分析,分析结果必须达到有关规范、标准的规定。取样分析的间隔时间,应当在使用单位的有关制度中做出规定(主要指氧源设备),同时应对容器内部进行必要的清理。

③对离地面 3 m 以上高度的容器,应搭设脚手架、轻便梯等设施,所搭脚手架必须安全、稳固、可靠,且能够承受较大的负载,必要时应有保护栏杆和挡脚板。

④焊缝和应力集中部位金属表面必须清理干净,以便进行宏观检查、壁厚测定;如需进行无损检测,还应做好现场的安全防护准备工作。

(2)检验前,检验检测机构应当结合现场实际情况,进行危险源辨识,对检验检测人员进行现场安全教育,并保存教育记录。

(3)检验检测人员应认真执行使用单位有关动火、用电、高空作业、罐内作业、安全防护、安全监护等规定,确保检验检测工作的安全。

①进入容器内部检验时,应使用电压不超过 12 V 或 24 V 的低压防爆灯或手电筒。容器外部必须有专人监护。

②所有动火作业(如施焊、砂轮打磨),必须经安全部门许可后方可进行。

③检验过程中必须穿戴工作服、工作鞋和安全帽,高处或狭窄空间作业时,应配备安全带及救生索等。

④引入容器内的电缆应当有良好的绝缘、可靠的接地。

(4)在易燃、易爆场所进行检验时,应当采用防爆、防火花型设备、器具。

(5)使用单位应当与检验机构密切配合,做好停机后的技术性处理和检验前的安全检查,确认符合检验工作要求后,经检验机构确认检验现场具备检验检测条件,方可进行检验。常见的检验危险源及预防措施见表 18-1。

表 18-1　常见的检验危险源及预防措施

| 序号 | 存在风险 | 检验作业能导致的危险 | 危害防范措施 |
|---|---|---|---|
| 1 | 有限空间 | (1)有限空间(容器内部)作业,有气体超标,可造成人体中毒、窒息死亡伤害;<br>(2)有限空间内易燃、助燃气体处理不彻底,作业动火时,容易导致火灾、爆炸危害;<br>(3)操作人员、化验人员的失误也可造成重大伤亡事故 | (1)由现场安全员办理相关手续,设专人监护,指定联络信号;<br>(2)化验数据准确无误,并 1 d 一次;<br>(3)易燃、助燃气体必须置换,吹扫干净、彻底;<br>(4)施工前做明火试验,必须把和其相连的管道、阀门加装盲板断开,严禁用阀门代替盲板;<br>(5)严禁在不明情况下进行盲目救护 |

续表 18-1

| 序号 | 存在风险 | 检验作业能导致的危险 | 危害防范措施 |
|---|---|---|---|
| 2 | 电气作业风险 | （1）带电的设备、装置（如接地或接零保护装置失灵、失效）等，非电工进行作业；<br>（2）电源导线损坏，配电盘没有防雨功能，电动工具没有漏电保护器，人触及带电体漏电部位，有可能发生触电事故 | （1）由现场安全员办理相关手续；<br>（2）严格执行"三级用电、二级保护"的规定；<br>（3）电气作业人员必须为持证电工；<br>（4）电气设备接地、接零必须分开接，严禁接地、接零共用一根导线；<br>（5）电源导线严禁在水中浸泡 |
| 3 | 动火作业风险 | 装置区域内管道、设备清洗和置换不彻底，或表面废油、废渣处理不干净，有关管线泄漏，遇明火可能燃烧或爆炸 | （1）由现场安全员办理相关手续；<br>（2）清除废油、废渣等可燃物 |

## 18.2.3　检验工作的实施

经对氧舱有关资料的审查及对氧舱使用情况的了解和安全确认，检验检测人员可进入氧舱使用现场，实施现场检验检测工作。

（1）检验检测人员应按照检验方案的要求进行检验。

（2）检验检测人员应根据检验检测中的实际情况，真实、准确、完整地填写检验记录。

（3）在检验时，使用单位的相关责任人员应当在检验现场协助检验工作，及时向检验检测人员提供所需要的资料。

## 18.2.4　缺陷及问题的处理、检验检测结果汇总、出具定期检验报告

现场检验工作结束后，检验人员应当根据检验的原始记录，对照国家有关标准、安全技术规范的要求对检验的记录尽快进行汇总整理，并针对检验中发现的问题，认真查找原因，分析其性质，为检验结论的确定，提供必要的依据。

（1）缺陷及问题的处理。

①氧舱现场检验工作结束后，检验人员应当及时将检验检测过程中发现的缺陷问题和初步的检验结论，告知使用单位相关责任人员。

②使用单位应当针对检验检测中发现的缺陷及问题，及时采取相应的整改措施进行处理整改。

③检验人员在使用单位完成对检验检测中发现的缺陷及问题处理后，应及时对整改处理结果进行确认。

确认的方式有两种：第一种是仅需要对整改后的资料进行审查确认。这种确认方式主要是针对可以通过审查使用单位提供的整改见证资料，判断是否已经整改，且有效，这类的整改项目包括：压力表的检定及安全阀校验证书、人员资质证书等不涉及氧舱自身安

全性能的问题。第二种是根据使用单位的整改资料,仍需到检验现场进行复检后,方可允许氧舱运行。

④如发现存在的缺陷和问题,已危及氧舱的使用安全,需要通过对其进行改造与维修的,应当逐台填写检验案例,并且上报省级及使用单位所在地质量技术监督管理部门。

(2)检验检测结果汇总。

对经检验没有发现问题或对发现的缺陷及问题已做处理,且进行确认的氧舱,应当将检验结果及时进行汇总。

(3)出具定期检验报告。

现场检验及整改工作完成后,检验人员应及时出具"氧舱定期检验报告",检验报告应当有检验(编制)、审核、批准三级签字,批准人应当是检验检测机构的主要负责人或者授权技术负责人。

(4)检验人员应保证检验工作质量,检验记录应当详尽、真实、准确,检验记录记载的信息量不得少于检验报告的信息量。检验人员对检验结论的正确性负责。

## 18.2.5  定期检验结论

氧舱定期检验结论,包括安全状况验证结论、检验周期内的许用参数、下次定期检验日期。氧舱定期检验不进行安全状况等级的评定。

### 18.2.5.1  安全状况验证结论

氧舱安全状况验证结论分为符合要求、基本符合要求和不符合要求。

(1)符合要求。未发现缺陷或者有轻度缺陷经消除后不影响安全使用,允许继续使用。

(2)基本符合要求。发现存在与规程规定不一致的情况和缺陷,对不一致的情况和缺陷进行整改和消除缺陷后,经检验人员对整改情况以及对缺陷重新检验符合规程要求,方能允许使用。

(3)不符合要求。发现严重缺陷,不能保证安全使用,不允许使用。

### 18.2.5.2  检验周期内的许用参数

定期检验结论中,检验检测机构应当注明氧舱在定期检验周期内的许用压力、许用温度,加压介质、人均舱容等许用参数。

### 18.2.5.3  下次定期检验日期

定期检验结论中,检验检测机构应当注明氧舱下次定期检验的日期(包括年、月)。

# 18.3  定期检验内容

氧舱是一种特殊的医疗用载人压力容器,它的使用,直接关系到患者的生命安全。为确保氧舱的安全运行,明确要求:氧舱必须实行定期检验。氧舱的定期检验内容主要包括:氧舱资料审查、氧舱舱体检验、压力调节系统检验、呼吸气系统检验、电气系统检验、舱内环境调节系统检验、消防系统检验以及安全保护装置及自控仪表的检验等。

### 18.3.1　氧舱年期检验

#### 18.3.1.1　资料审查

检验检测人员应对氧舱使用单位提供的档案资料进行审查。对档案资料的审查,不仅是检查资料是否齐全,还应检查所提供的资料是否符合要求。

（1）应有完整的氧舱建档登记资料。

（2）与氧舱及配套压力容器安全有关的制造、安装、改造、维修等技术资料应当齐全,并且与实物相符。

（3）氧舱及配套压力容器的"使用登记证"。

（4）氧舱的管理制度应当符合要求(管理制度至少应当包括:氧舱操作规程,医护、操作氧舱、维护管理人员的职责,患者进舱须知,应急情况处理措施,氧源间管理规定,安全防火规定等)。

（5）抽查氧舱的运行记录及人员资格(如使用次数,有无异常情况及事故记录,处理情况及日常的维护、维修记录,操作人员和维护管理人员的资格证书等)是否齐全、真实。

（6）压力表、安全附件的计量和校验记录。

（7）查阅历次检验资料,特别是上次检验报告中提出的问题(主要是指整改后免于现场复检的)是否已解决或已制定了防范措施。

（8）在审查资料的同时,还应向氧舱使用单位的有关人员了解氧舱在该检验周期内的使用及运行状况,为下一步的检验打下基础。对于首次进行定期检验的氧舱,应当对所提供的各种资料,进行全面核查;对于非首次检验的氧舱,重点应审核新增加和有变动的部分。

#### 18.3.1.2　舱体的检验

对氧舱舱体的检验,主要包括:有机玻璃、舱门及递物筒、舱内设施及装饰、氧气加压舱的导静电保护装置等。

1. 有机玻璃

（1）有机玻璃氧舱观察窗、照明窗、摄像窗的有机玻璃板材以及婴幼儿氧舱的有机玻璃舱体均不得有明显的划痕、机械损伤和银纹等缺陷。

（2）用于氧舱的有机玻璃材质为甲基丙烯酸甲酯,俗称工业有机玻璃。按有机玻璃在氧舱上的作用不同,大体可分为两类:一类是为便于操舱人员观察到舱内患者的动态情况,而在舱体两侧(个别在舱门上)设置的数量不等的观察窗;另一类则是为解决氧舱舱内照明问题,在舱体上开设的照明窗。这两种窗的作用虽不同,但所用的有机玻璃的性能要求却是相同的,它们都必须具有良好的透光性和承载一定压力的能力,其质量均应符合《浇铸型工业有机玻璃板材》(GB/T 7134)标准一级品的要求。由于工业有机玻璃自身硬度较低,在使用和维护过程中易造成擦伤或划痕;对于照明窗而言,若照明灯具选用不当,会使有机玻璃温度偏高,加速老化,严重时会出现有机玻璃发黄、变脆、透光度下降及银纹,甚至还会出现凹凸变形等现象。

（3）检查有机玻璃的方法是:在光线充足的室内(或用手电),打开氧舱的照明,在舱内、外,分别距有机玻璃 200~300 mm 处,与有机玻璃平面形成一定夹角(不要正对着有机玻璃),用目视观察,也可借助放大倍数为 5 的放大镜检查,看其是否出现老化现象,有无产生银纹。特别值得注意的是:应重点检查观察窗、照明窗边缘处的老化情况,如果发现银纹及其他老化现象,应进行更换。此外,有下列情况之一的也应进行更换:

(1)有机玻璃板材的使用时间,超过 10 年的。

(2)有机玻璃板材的加压次数,达到 5 000 次的。

(3)有机玻璃筒体的使用时间,超过 5 年的。

2. 舱门

舱门应检查氧舱舱门及递物筒的密封圈是否有老化、变形的情况。

氧舱舱门一般设置在舱体一端的封头上,多人氧舱的舱门大多数为内开式舱门(在封头上开有矩形孔),而单人氧舱的舱门通常采用外开式(将舱体一端的封头作为舱门)。无论采用哪一种结构形式的舱门,其密封性能都直接影响到氧舱的使用效果。因为密封性能的好坏,不仅取决于舱门自身的加工、装配质量,也与舱门密封圈的选择有很大关系。氧舱舱门的密封圈,一般为橡胶制品,如果使用时间较长或维护保养不当,容易产生老化,失去弹性,降低密封性能。对于密封圈的检查,一般除观察和手感外,必要时,还可通过对舱体进行气密性试验,检查舱体泄漏率是否符合《氧舱》(GB/T 12130)的要求,来确定是否需要更换密封圈或调整舱门。

目前单人氧舱及部分小型氧舱的舱门,仍采用快开门式结构的舱门,而最常见的快开门形式有:啮合式(也称回转环式)、撑挡式和卡箍式等。针对快开门式的结构,为保证安全,《固定式压力容器安全技术监察规程》(TSG 21)对此种结构的安全连锁功能有明确要求:当快开门达到预定关闭部位,方能升压运行;当容器内部压力完全释放,方能打开快开门。但作为氧舱的快开门来说,仅仅这两项要求还不够,还必须增加一项报警功能。

因此,在检验这种结构的舱门时,重点应检查舱门上的连通阀及安全连锁装置是否完好、可靠;是否能满足安全连锁的锁定压力<0.02 MPa,复位压力<0.01 MPa 的要求,报警功能是否正常。对于电动开关门的安全连锁装置,应测试当舱内压力达到 0.02 MPa 时,能否锁紧舱门,并自动断开电源。

3. 递物筒

氧舱上设置的递物筒,除部分使用螺栓(如活节螺栓)连接外,大多数也采用了快开门式的结构。这类递物筒配有与快开门式舱门相同的连通阀和安全连锁装置。同时为便于观察到递物筒的受压情况,递物筒上还配有专门的压力表。对递物筒的检查,主要包括以下几点:

(1)检查递物筒的连通阀和安全连锁装置的可靠性,现场实测递物筒的安全连锁装置,能否达到锁定压力<0.02 MPa,复位压力<0.01 MPa 的要求。

(2)检查递物筒内、外门盖的密封性能,是否符合规定要求,密封圈是否出现老化现象。

(3)检查递物筒上配备的压力表精度、量程是否符合规定,特别是所配压力表的起始刻度(0 位)与第一刻度线(应不大于 0.02 MPa)之间应有明显的间距。

(4)对在内、外门盖上设有观察窗的递物筒,还应检查观察窗有机玻璃是否满足要求。

（5）有机玻璃氧舱舱体端盖与筒体应连接可靠。

4. 舱内设施及装饰

氧舱舱内的设施及装饰因舱而异,在检验时应针对受检氧舱的实际情况设定检验项目。

对舱内设施及装饰材料的检查,主要内容有以下方面:

（1）对上次检验后,舱内装饰隔层板、地板、柜具及油漆发生改变的,确认其所变更的材料的燃烧性能是否符合标准的要求。这主要是强调对有变化的,要进行检查确认,应核查所用材料的质量证明文件。

（2）空气舱内的床、座椅的包覆面料的耐燃性,或者氧气舱内床罩、枕套的抗静电性是否符合标准的要求。因这些织物(特别是床罩、枕套、衣物类)在使用过程中会有更换,所以要确认其是否为纯棉制品,且经阻燃或抗静电处理,应核查变更材料的质量证明文件。

（3）检查舱内氧气采样口的保护情况,避免采样管口被杂物堵塞。

（4）应检查氧气加压舱舱内设置的导静电装置的连线与舱体的连接是否可靠,是否选用铜质编织线作为导静电装置的连接线。

（5）检查氧气加压舱舱内活动床的滚轮材质和床的锁紧装置是否符合要求。

### 18.3.1.3　压力调节系统的检查

氧舱的压力调节系统在年度检验时,应重点检查该系统在使用过程中是否出现过异常情况,以及附属的设备、容器和管道的运行情况,主要涉及的检验或检查包括以下几方面:

（1）压力调节系统的管路是否通畅;进、出气阀门的动作是否灵敏、可靠;在全闭合状态下是否有良好的密封性能,而在全开状态下各阀门及管路有无堵塞现象。

（2）舱内、外的应急排气阀动作的灵敏性;应急排气阀门处应设有明显的红色警示标记。

（3）检查管子与管件、阀门的连接情况以及密封是否良好,管道的支架或管卡箍有无松动或损坏,正常送气时有无振动现象;有无存在影响正常使用的严重机械损伤、管道明显变形及腐蚀等情况。

（4）消声过滤器。对舱内进气口消声过滤器的检查,主要是查看消声器填料的清洁情况以及消声器出口附近有无油污染现象。这里需要注意的是,压力调节系统的工艺流程要求是:空气压缩机→气液分离器→储气罐→空气过滤器→氧舱(进气口消声过滤器),其顺序是不能颠倒的,有些压力调节系统将空气过滤器放在储气罐之前。

### 18.3.1.4　呼吸气系统的检查

按照呼吸气系统的组成,检验应从以下几方面进行:

（1）以气态氧为氧源时,首先应对提供氧源的氧气瓶进行检查,查看所用氧气瓶的表面漆色标志、气瓶附件是否齐全,是否在检验有效期内;以液态氧为氧源时,应重点检查、了解液氧贮槽等深冷设备的运行记录,真空、跑冷、绝热状况,日蒸发率变化情况以及外壳体结构等情况。

（2）氧气汇流排。对氧气汇流排的检查,主要是检查汇流排阀门的动作是否灵活、可靠以及汇流排的密封性能和通畅情况。汇流排使用的氧气瓶应有固定设施,防止碰撞和倾倒;开关氧气瓶的工具要做到专用,不得随意使用,避免沾染油脂。

(3)检查管道敷设是否合理。如呼吸气管路是否远离火源、油管、电缆等;穿墙管或地下走管有无套管保护,是否有锈蚀现象。

(4)检查排氧子系统的管道有无积水、堵塞现象;对于设有集水器的排氧装置,应检查排水阀是否灵活、通畅。

(5)排废氧管口的保护情况,室外排废氧管口应高出地面 3 m 以上,确保排出的废氧能够及时散开,不会产生废氧聚集的现象,应在排废氧管口端加装防雨装置。

(6)对于单人氧舱,当呼吸气管路采用氧气软管材质时,应检查软管是否有老化现象。

(7)查看呼吸气管路的管子有无严重机械损伤或明显变形,管卡、支架有无松动以及供氧时的振动情况。

(8)对有机玻璃舱体的氧舱应进行气密性试验,试验压力取舱体的工作压力。

### 18.3.1.5　电气系统的检查

氧舱电气系统主要包括:氧舱照明、通信对讲以及应急报警等;电气系统的检查应有以下内容。

(1)氧舱的照明装置。

照明是氧舱正常使用中必不可少的装置(婴幼儿有机玻璃氧舱除外)之一,照明用的启辉器、镇流器、控制开关等均为易产生火花的电气元件。2000 年 1 月 1 日开始实施的《医用氧舱安全管理规定》对氧舱照明做出明确规定:所有氧舱的照明均必须采用外照明。对氧舱照明的检查内容主要包括以下方面:

①氧舱的照明应采用冷光源外照明形式,照明系统应当可靠、完好。

②检查氧舱是否配备了应急照明系统。

③应急电源装置在正常供电网络中断时,应能自动投入使用,并能保持应急照明、应急呼叫和对讲通信的正常工作时间不少于 30 min。

④检查舱内的照度和照度不均匀度,均应符合规定的要求。

(2)氧舱的通信系统。

氧舱的通信、联络系统由对讲机、紧急呼叫装置组成。通过这一系统完成舱内、外的信息交流。紧急呼叫装置是舱内、外传递信息的另一种辅助手段。氧舱通信系统的检查内容主要包括以下方面:

①氧舱内的对讲机及紧急呼叫装置的电气元件,应作耐压及防火花处理,检查时可通过查阅电气元件的合格证、说明书等资料进行确认。

②氧舱的通信对讲装置应能正常通话。

③按动舱内应急呼叫装置按钮时,控制台上应有声光报警信号的显示,并且该信号必须由舱外操作人员手动操作才能复位。

④检查舱内的连接导线有无破损情况、导线的金属保护套管是否完好。抽查接头及与电气元件的连接点之间是否采用焊接形式连接,有无松动或脱落现象。

⑤舱内电气元件的使用电压不得大于 24 V。

（3）氧舱的电路。

氧舱的交流电源、应急电源、电源馈线及有关的控制、调节、保护和显示仪器等构成了氧舱的电路。氧舱使用的电源是单相交流电（220 V、50 Hz），由于氧舱舱内介质的特殊性，即：舱内氧浓度一般比空气中的氧浓度要高，特别是氧气加压舱在正常操作时氧浓度一般在65%以上，因此对氧舱舱内的用电安全有严格的要求。不仅仅要求氧舱在制造、安装过程中要遵照执行，同时也是我们定期检验中应重点检查的内容。

①应严格禁止氧舱舱内装设熔断器、继电器、转换开关、镇流器和电气/动力控制器等可能产生电火花的电气元件。

②抽查舱内电线是否带有金属保护套管，进舱电线的布置不能无序且过长。各接头的位置是否相互错开。

③舱内电线的敷设是否便于检修。

④如有信号盒，应检查盒中的接头，不能采用插接头连接形式。

⑤氧气加压舱的舱内电线是否采用暗装形式，舱内除通信及信号传感元件外，不得设置任何电气元件。

⑥各种通舱电线（缆）与舱体的绝缘必须可靠，其绝缘电阻应符合规定。

### 18.3.1.6　舱内环境调节系统

（1）舱内测温传感器防护是否完好。

（2）控制台上的温度、湿度显示是否正确。

（3）检查舱内空调装置的电机及控制装置是否设置在舱外，特别要检查空调内的电机是否已拆除，改用其他方式传动。

### 18.3.1.7　消防系统

（1）检查舱内、外消防器材的种类是否符合相关安全技术规范的要求，并且在有效期内。

（2）检查舱内消防设施，对舱内设置的灭火器，要核对灭火器种类，是否在有效期内，灭火器放置的地方应有"灭火"字样的醒目标记。

（3）确认水喷淋装置是否能够处于可靠的工作状态。

（4）检查舱内、外水喷淋装置按钮的保护情况是否符合要求。应实测舱内水喷淋装置的动作及响应时间是否满足规定要求。

### 18.3.1.8　安全保护装置的检查

氧舱上的保护装置主要包括压力表、安全阀、接地装置和测氧仪等。

1. 压力表

压力表是氧舱控制台上数量最多的一种仪表，也是氧舱操作过程中最重要的仪表。对于不同规格和型号的氧舱，由于测量的介质不同，选择压力表的种类、精度和量程的要求也不同。如氧气加压舱至少应配备测量舱内压力的氧压表和供氧压力表；而对于空气加压氧舱来说，除需配备以上压力表外，还应配备压力调节系统压力表等。对压力表的检查主要是确认其灵敏、准确和可靠性，对压力表检查的主要内容包括以下几方面。

（1）选用的压力表应当与使用的介质相适应，其精度、量程和数量是否符合标准规定的要求。

（2）对在检验周期内更换的压力表,应检查更换的压力表是否满足介质(如呼吸气系统上应使用专用的"禁油"氧压表)及使用的要求。

（3）对压力表的实物检查,应注意以下几点:

①查看压力表的铅封封印有无损坏,表盘刻度是否清晰,封面玻璃是否完好。

②压力表指针是否能回归零位或不超过允许误差,在使用过程中是否有不动或跳动现象。

③压力表的刻度值及表盘直径是否符合要求。

④压力表外壳有无腐蚀、损伤等影响压力表准确指示的缺陷。

（4）核查压力表的检定合格证,确认其是否在有效的检定周期内。

2. 安全阀

安全阀是一种超压泄放装置,它是氧舱上必须配置的另一个安全附件。在氧舱使用过程中,安全阀必须始终保持灵敏、可靠。安全阀应每年至少校验一次。在氧舱定检过程中,对安全阀检查的主要内容包括以下方面。

（1）检查安全阀上的铅封是否完好,确认安全阀是否在校验有效期内。

（2）审查校验报告,确认报告的有效性。

（3）检查安全阀的整定压力是否符合标准的要求。

3. 测氧仪

测氧仪是用来监测氧舱舱内氧浓度的重要仪表,是保证空气加压氧舱安全使用的关键仪表,是按《医用氧舱用电化学式测氧仪》(GB/T 19904)选用的。在查清被检测氧仪的种类和型号的前提下,对测氧仪的检查包括以下方面:

（1）对测氧仪进行调试,观察是否出现:无法定标,定标后有明显漂移,反应迟钝,数字显示不稳等现象。

（2）实测测氧仪的示值误差应不大于3%,报警误差应不超出1%。

（3）核对测氧仪的氧电极(传感器)的制造时间,确认其是否在有效期内(固态氧电极的使用寿命一般为12~16个月)。

（4）在测氧仪设定的报警上、下限范围,实际测试测氧仪的声、光报警功能是否符合规定要求。

（5）对于多个舱室的氧舱,要核查每个独立使用的治疗舱是否均单独配备了测氧仪及测氧记录仪;检查与测氧仪配套使用的测氧记录仪能否正常工作(可抽查测氧记录仪的原始记录)。

（6）采样管路与测氧探头、流量计的连接是否可靠。

此外,还应对与测氧仪连接的管路是否完好进行检查,因为测氧仪的采样口与舱内气体出口的连接多采用医用软胶管,时间一长,容易老化、变脆、开裂或脱落,使测氧仪失去应有作用。

4. 接地装置

氧舱的接地装置是为了保护用电设备的安全以及防止操作人员和患者受到触电的伤害而设置的。测量接地装置的仪表为接地装置电阻测量仪,常用型号有 ZC-8、ZC-18 等,量程为 0~10 Ω。在定期检验中,检查接地装置的主要内容包括以下方面:

（1）查看接地线与接地体的连接是否采用焊接形式,且连接点应无漆防锈。

（2）当接地线与舱体的连接采用螺栓连接时,应保证接触面有可靠的接触。

（3）舱体与接地装置的连接应当可靠,实测接地装置的接地电阻应不大于 4 Ω。

（4）当采用金属导线作为接地线时,应采用铜导线（导线截面面积应不小于 10 mm²）,不宜采用铝芯导线。

（5）对不用电源软电缆或软电线的氧舱,其保护接地端子和为保护目的而与该端子相连接的任何其他部分之间的阻抗,不得超过 0.1 Ω。

（6）对使用电源软电缆或软电线的氧舱,其网电源插头的保护接地脚和为保护目的而与该点相连接的任何其他部分之间的阻抗,不得超过 0.2 Ω。

5. 舱内、外应急排气阀

对于空气加压氧舱来说,由于舱内、外的应急排气阀长期处于关闭状态（一般不动作）,因此要重点检查排气阀动作的灵敏可靠性。可实际操作一下排气阀,以确定是否有动作不灵活、锈死以及被堵塞的现象。另外还应检查排气阀的标记是否清晰、醒目。

### 18.3.1.9　配套压力容器的年度检查

根据《固定式压力容器安全技术监察规程》（TSG 21—2016）的规定,压力容器的年度检查工作,应由氧舱使用单位安全人员组织经过专业培训的作业人员进行,也可委托有资质的特种设备检验机构进行。年度检查工作完成后,还应对压力容器使用安全状况进行分析。压力容器年度检查的主要内容包括:对氧舱使用单位压力容器安全管理情况的检查、压力容器本体及运行状况检查和压力容器安全附件的检查等。

1. 压力容器安全管理情况检查的主要内容

（1）压力容器的安全管理规章制度、操作规程、运行记录等资料是否齐全。

（2）压力容器安全技术规范规定的设计文件、竣工图样、产品合格证、产品质量证明书、监督检验证书以及安装、改造、维修等建档资料是否齐全并符合要求。

（3）"使用注册表""使用登记证"是否与实际相符。

（4）压力容器作业人员是否持证上岗。

（5）压力容器日常维护保养、运行记录、定期安全检查记录是否符合要求。

（6）压力容器年度检查、定期检验报告是否齐全,检查、检验报告中所提出的问题是否得到解决。

（7）安全附件校验（检定）、修理和更换记录是否齐全真实。

（8）是否有压力容器应急预案和演练记录。

（9）是否对压力容器事故、故障情况进行了记录。

2. 压力容器本体及运行状况检查的主要内容

（1）压力容器的铭牌、漆色、标志及使用登记证编号等是否符合有关规定。

（2）压力容器的本体、接口（阀门、管路）部位、焊接接头等有无裂纹、过热、变形、泄漏和机械接触损伤等。

（3）外表面有无腐蚀,有无异常结霜、结露等。

（4）隔热层有无破损、脱落、潮湿和跑冷现象。

（5）检漏孔、信号孔有无漏液、漏气,检漏孔是否畅通。

（6）压力容器与相邻管道或构件有无异常振动、响声或相互摩擦。

（7）支承或者支座有无损坏，基础有无下沉、倾斜、开裂，紧固螺栓是否齐全、完好。

（8）排放装置是否完好。

（9）运行期间是否有超压、超温、超量等现象。

（10）罐体有接地装置的，检查接地装置是否符合要求。

（11）快开门式氧舱的安全连锁功能是否符合要求。

3. 压力容器安全附件检查的主要内容

（1）检查压力表的选型是否符合要求。

（2）压力表的定期检修维护、检定有效期及铅封是否符合规定。

（3）压力表外观、精度等级、量程是否符合要求。

（4）同一系统上各压力表的读数是否一致。

（5）检查安全阀的选型是否正确，是否在校验期内使用。

（6）弹簧式安全阀调整螺钉的铅封装置是否完好。

（7）安全阀是否泄漏。

#### 18.3.1.10　对其他设备的检查

除对氧舱上述各系统的检查外，还应对氧舱的配套和辅助部件进行检查，其主要内容包括以下几方面：

（1）检查自动操作系统的手操机构动作情况是否符合规定要求，对电动机构或气动机构启闭的外开门式的舱门，应配有手动机构，且手动开门时间不得超过 60 s。

（2）应核实采用液压传导机构启闭舱门的氧气加压舱的液压工作介质，是否为抗氧化油脂，并检查液压装置的密封情况，应抽查液压介质的质量证明文件。

（3）检查舱内温度传感器是否安装在舱室中部（不得安装在舱外的排气管上），传感器是否设置了防护罩且安装在装饰板外，控制台上的测温仪表显示正确与否。

（4）检查空气过滤器的滤材是否有效。

## 18.3.2　氧舱三年期检验

《氧舱安全技术监察规程》要求氧舱的三年期定期检验应包括以下内容：

（1）一年期的定期检验内容。

（2）配套压力容器定期检验的主要内容。

氧舱配套压力容器的定期检验项目、要求、结论及安全状况等级的评定，均按《压力容器定期检验规则》的有关规定执行。其具体的检验项目及内容，应针对受检压力容器的具体情况而定。

压力容器定期检验的项目以宏观检查、壁厚测定、表面缺陷检测、安全附件检查为主，必要时增加埋藏缺陷检测、材质检查、密封紧固件检查、强度校核、耐压试验、泄漏试验等项目。

（3）对未配置馈电隔离变压器的医用氧舱，应按 GB/T 12130 的规定，检查电源的输入端与舱体之间的绝缘情况。

（4）检查氧舱的消防和应急呼吸装置。

（5）其他检验项目。①上次检验后，氧舱的电气元件等进舱导线的布置发生改变的，其隐蔽性和防护应当满足标准的要求。②测试氧舱保护接地端子与其相连接的任何部位之间的阻抗，其阻抗值应当满足标准的要求。③应急排放装置及排气管路畅通。④对氧舱舱体进行气密性试验，并且分别在 0.03 MPa 使用压力与 0.2 MPa 较大值的两个压力值下，检查舱体的密封性能。⑤与汇流排连接的氧气瓶应当在检验有效期内。⑥汇流排应当可靠接地。⑦氧源间通风良好，舱房内外、氧源间内设有明显的禁火标志，舱房内应当配备灭火装置。

### 18.3.3　氧舱的非正常期检验

顾名思义，氧舱的非正常期检验，就是氧舱不按预定的检验周期进行的检验（不包含提前安排的定期检验）。非正常期的检验主要包括以下几种情况：停用时间超过 6 个月的氧舱、经改造与维修后的氧舱、对氧舱的安全性能有怀疑的以及使用期限超过 20 年的氧舱。

#### 18.3.3.1　停用时间超过 6 个月的氧舱的检验

停用时间超过 6 个月的氧舱，是指由于各种原因造成氧舱连续停止使用时间超过 6个月，不包括对氧舱进行修理、改造所延误的时间。对这类氧舱，由于长时间停止使用，氧舱内的部分设施、系统，特别是电气元器件等会产生变化，若需要恢复使用，必须在使用前，由检验检测机构按氧舱一年期定期检验的内容和要求，进行检验。经检验合格，符合要求的方可使用。

#### 18.3.3.2　改造后的检验

对需改造与维修的氧舱，存在着以下两种不同情况：

第一种是对旧舱的改造，这主要是由于过去生产的氧舱，虽然舱体和主要系统基本上能满足使用及安全的要求，但还是或多或少地存在着一些不符合标准、安全技术规范的问题，特别是舱内的装饰材料以及通风等，都严重地影响着氧舱的安全使用。因此，必须对这类氧舱进行改造与维修。

第二种是对发生事故后的氧舱进行改造与维修。这种改造与维修工作量的大小和难易程度，都将由发生事故的严重程度和性质所决定。

对以上两种经改造与维修的氧舱，当重新投入使用前，必须要对所涉及的改造项目进行定期检验，合格后方可使用。

#### 18.3.3.3　对安全性能有怀疑的氧舱

在氧舱的运行过程中，如果氧舱的操作人员或维护管理人员发现氧舱舱体或其他系统出现异常情况，又不能查明其原因，对能否继续安全运行产生怀疑时，氧舱的使用单位应对该舱采取停用措施，并及时向检验检测机构如实说明情况。检验检测机构应尽快派出具有氧舱检验经验的人员到现场检查，其检查的范围、内容、方法及具体的测试项目，可由检验人员根据现场情况确定，而检查的重点及切入点则在有怀疑的部位和相关系统。

#### 18.3.3.4　使用期超过 20 年的氧舱

为了保证压力容器的安全使用，《固定式压力容器安全技术监察规程》（TSG 21）对压力容器的使用寿命做出了规定：压力容器的设计寿命最长为 20 年，对没有标明设计寿命的,可按 20 年计算。鉴于氧舱是一种载人压力容器,所以氧舱的使用寿命也应按照压力容器的寿命年限而定。对于已经达到设计使用年限的氧舱,或者未规定使用年限,但已使用超过 20 年的氧舱,如果要继续使用,使用单位应当委托有资格的检验检测机构对其进行检验,经过使用单位主要负责人批准,按照使用管理办法的有关规定,办理变更等手续后方可进行使用。

### 18.3.4　特殊规定

(1)因特殊情况不能在检验有效周期内进行三年期定期检验的氧舱,使用单位应当提出书面说明,提出延期定期检验的申请,并报当地质量技术监督管理部门备案。申请延期定期检验期限一般不得超过 3 个月。

(2)对申请延期进行定期检验的氧舱,使用单位应当制定安全使用保障措施,并且对氧舱在超过定期检验有效周期使用的安全性能负责。

(3)使用单位所在地发生灾害(地质灾害、水灾、火灾等)后,应当按照三年期定期检验的项目对氧舱进行检验,符合相关安全技术规范及其标准、设计文件的规定后,方能够投入使用。

# 18.4　氧舱日常维护与保养

氧舱维护包括经常性保养和日常检修两部分内容。加强对氧舱的维护,使氧舱始终在良好的状态下工作是保障氧舱运行安全、减少氧舱故障的重要手段。而氧舱维修则是在氧舱发生故障已不能正常运行时所需进行的工作。

## 18.4.1　氧舱的经常性保养

经常性保养又称日常维护保养,有日保养和周保养两种。保养工作由氧舱维护管理人员进行。保养的方法概括起来就是"看、听、摸、查、记、清、加、排"。

(1)看氧舱各显示仪表的读数是否正常。

(2)听机器设备运转的声音有无异常。

(3)摸机器设备运转的温升是否有超高的现象。

(4)查机器设备运转时有无漏气、漏水、漏油情况。

(5)记好氧舱运转的记录表。

(6)清洁机器设备要经常化。

(7)加气、水、油至适宜容量。

(8)排除污水和冷凝水。

## 18.4.2　经常性保养的内容

### 18.4.2.1　舱体

(1)舱门的橡胶密封条有无老化、断裂、变形,密封性如何,舱门是否开启灵活。

(2)观察窗、照明窗有机玻璃是否有银纹、划痕。

（3）递物筒内、外门盖开启是否灵活,密封圈有无老化、开裂,安全连锁装置和连通阀是否可靠。

（4）应急排气阀开启是否灵活,有无漏气现象。

（5）舱内导静电装置接地是否良好。

### 18.4.2.2　安全附件

（1）压力表应半年计量检定 1 次,是否在有效期内。

（2）安全阀应 1 年校验 1 次,是否在有效期内。

（3）测氧仪工作正常与否,氧传感器是否在有效期内。

### 18.4.2.3　压力调节系统

（1）空压机运转时有无顶缸、摩擦、破碎声,排气量和各级压力是否正常,有无漏气、漏水、漏电现象,有无固定件松动,电机接线是否牢固。

（2）气液分离器的排污阀开启是否灵活,应及时进行排放。

（3）储气罐每周至少排污 1 次。使用 3 年以上的,应打开人孔检查罐底积水和内壁生锈情况。

（4）空气过滤器的内壁和滤材每年至少应清洗和更换 1 次。

（5）消声器应通畅,无堵塞现象。

### 18.4.2.4　呼吸气系统

（1）高低压呼吸气系统管路气密性如何。

（2）氧气减压器的输出压力是否稳定。

（3）舱内患者吸氧时,呼吸感觉是否通畅,有无困难。

（4）氧气流量显示仪表是否灵敏、可靠。

### 18.4.2.5　电气系统与控制系统

（1）配电箱内所有接线是否牢固。

（2）电压表和电流表的指示是否正常。

（3）应急电源是否能自动投入工作。

（4）对讲机和应急呼叫装置的通话、呼叫是否清晰。

（5）监视装置工作是否正常。

### 18.4.2.6　舱内环境调节系统

（1）舱内、室外机的进、出风口有无堵塞现象。舱内机空气过滤网半个月左右应清洗 1 次。

（2）有无冷凝水排入舱内的情况。

（3）制冷、制热工况是否正常。

### 18.4.2.7　消防系统的设施

（1）控制阀件开启是否灵活,有无泄漏。

（2）舱内水喷淋头有无堵塞。

（3）喷水强度、喷水时间和响应时间能否达到要求,每年至少测试 1 次。

### 18.4.2.8　其他

（1）检查交接班记录和氧舱运转记录表。

（2）1 周左右对机器设备的外观进行清理和擦拭。

（3）检查气、水、油容量，低于规定值时应及时补充。

## 18.4.3　氧舱的日常检修

氧舱的日常检修，又称小修，一般由氧舱维护管理人员和设备科检修人员一起，结合经常性的保养进行，也可根据实际需要制定定期检修程序或计划，但有些小修要随时进行。对于经常出现故障的设备仪器，要备有一定量的零配件。一般来说，3 个月左右应进行一次全面的小修。小修的内容有以下几方面：

（1）检查舱内外管路及壳体有无锈蚀，应及时除锈、刷漆。

（2）检查紧固法兰等连接螺栓，发生泄漏时应更换密封垫。

（3）对启闭不灵活或者漏气的阀件应进行检查，不能排除故障的应更换新阀。

（4）电气线路发现有接触不良、接头有腐蚀、绝缘与接地不可靠等情况应查明原因，及时排除故障。

（5）发现或怀疑安全阀、压力表、测氧仪等安全附件有故障的，应与有关厂商联系或者检验检测机构重新检定。

## 18.4.4　易损件和消耗品的更换

氧舱易损件和消耗品的更换主要有以下几方面：

（1）舱门及递物筒密封圈、管路接头、法兰、阀门等处的密封垫片是否老化，更换时应采用相同材质、相同规格的垫片。

（2）有机玻璃材质的窗体、筒体等，发现有银纹、裂纹、划伤的情况，或到规定更换期限，都应及时更换。

（3）测氧仪的氧电极要定期更换，在实际工作中发现测量值严重异常时，也要考虑更换。

（4）供氧呼吸调节器内橡胶膜片、波纹管，应根据实际使用情况发现问题随时更换。

（5）熔断器的熔丝管应按图纸或随机说明书规定的容量和规格更换。不应随意加大或减小，更不能用铜丝代替。

（6）做好易损件和消耗件的备品工作，如冷光源灯泡、常用开关和按钮、润滑油脂等。

在氧舱的使用过程中，除保养检修外，医护人员在正常的操舱工作中，异常现象，应做好记录并及时与维护管理人员联系，排除故障现象。若存在着安全隐患，应及时结束治疗过程，进行维修，以保证患者及设备的安全。

在做好氧舱维护工作的同时，做好各项记录也是不可忽视的一项工作。维护工作记录包括：维护项目、维护时间或发现异常情况的时间、简要说明、故障原因、维护过程、维护结果、维护人员签字、操舱人员验收签字等。

# 参 考 文 献

[1] Undersea Medical Society. Glossary of diving and hyperbaric terms[M]. Maryland：UMS, Inc. ,1978.

[2] 全国锅炉压力容器标准化技术委员会. 氧舱：GB/T 12130—2020[S]. 北京：中国标准出版社,2020.

[3] 毛方瑂,袁素霞,林彦群,等. 高压氧舱技术与安全[M]. 上海：第二军医大学出版社,2005.

[4] 中国航天科技集团公司第七零三所. 医用氧舱用电化学式测氧仪：GB/T 19904—2005[S]. 北京：中国标准出版社,2021.

[5] 国家市场监督管理总局,国家标准化管理委员会. 弹簧直接载荷式安全阀：GB/T 12243—2021[S]. 北京：中国标准出版社,2021.

[6] 中华人民共和国国家质量监督检验检疫总局,中国国家标准化管理委员会. 一般压力表：GB/T 1226—2017[S]. 北京：中国标准出版社,2017.

[7] 中华人民共和国国家质量监督检验检疫总局,中国国家标准化管理委员会. 精密压力表：GB/T 1227—2017[S]. 北京：中国标准出版社,2017.

[8] 袁素霞,王铁义. 医用氧舱检验[M]. 北京：化学工业出版社,2014.

[9] 中华人民共和国住房和城乡建设部,国家质量监督检验检疫总局. 工业金属管道工程施工规范：GB 50235—2010[S]. 北京：中国计划出版社,2011.

[10] 中华人民共和国国家质量监督检验检疫总局,中国国家标准化管理委员会. 医用电气设备 第1部分：安全通用要求：GB 9706. 1—2007[S]. 北京：中国标准出版社,2008.

[11] 中华人民共和国住房和城乡建设部,国家质量监督检验检疫总局. 建筑内部装修设计防火规范：GB 50222—2017[S]. 北京：中国计划出版社,2018.

[12] 国家质量监督检验检疫总局法规司. 中华人民共和国质量技术监督法规汇编 特种设备安全监察分册[M]. 北京：中国计量出版社,2007.